Mathespiele für die SEK I

Lehrplanthemen spielerisch angehen

Beat Wälti

Berücksichtigt neue Rechtschreiberegeln

Verlag an der Ruhr

Impressum

Autor	Beat Wälti
Lektorat	Silvia Bartholdi
Gestaltung	Konzept, Satz DTP: Marja-Leena Johansson, Zürich Umschlag Schweiz: Knechtle design, Büro für visuelle Gestaltung, St. Gallen Umschlag Österreich/Deutschland: Markus Krieger
Copyright	© 1996 sabe Verlag AG Tödistrasse 23 CH-8002 Zürich © und Vertrieb Deutschland und Österreich: Verlag an der Ruhr Alexanderstraße 54 D-45472 Mülheim an der Ruhr Überarbeitete Auflage 1998

ISBN Schweiz 3-252-06090-6, Bestellnummer 6090
ISBN Deutschland und Österreich 3-86072-297-2, Bestellnummer 2297

Die Ausgabe für die Schweiz trägt den Titel «Mathematikspiele für die Sekundarstufe 1», die Ausgabe für Deutschland «Mathespiele für die SEK I».

R

Berücksichtigt neue Rechtschreibregeln

Vorwort

Friedrich Schiller schrieb: «Es ist nicht der Mensch, der das Spiel erfand. Wohl aber ist es das Spiel, und nur das Spiel, das den Menschen vollständig macht.»
Huizinga hielt das Spielen für wesentlich und wichtig, so dass er den Ausdrücken *homo sapiens* (der verständige Mensch) und *homo faber* (der Mensch als Handwerker) neu *homo ludens* (der spielende Mensch) als gleichwertigen Begriff beifügte. Und er meint: «Das Spiel bringt in die unvollkommene Welt und in das verworrene Leben eine zeitweilig begrenzte Vollkommenheit.»

Im Gegensatz zu *Arbeit* und *Ernst* verfolgt das Spiel nicht die Verwirklichung äußerer Ziele, sondern ist Selbstzweck, und das innerhalb von festgelegten, abgemachten Gesetzen. Spielende anerkennen Regeln, welche nur innerhalb zeitlicher und räumlicher Grenzen gelten.

Weshalb spielen wir in der Schule? Ich sehe mehrere Gründe. Dabei denke ich an das motivierende Lernen und das spielerische Üben, im Weiteren an das Entwickeln von Spielstrategien wie Denken fördern, sinnvolle Änderungen der Spielregeln vornehmen und ausprobieren, sowie an ein Konzentrationstraining. Das Spielen fördert das soziale Lernen – Umgang mit Spielkameradinnen und -kameraden, verlieren können, gewinnen ohne überheblich zu werden – und teilweise auch die Selbständigkeit (z.B. Anleitung lesen; eigene Spielregeln erfinden).

Als Einsatzmöglichkeiten im Unterricht kommen meines Erachtens in erster Linie Übungsspiele einerseits und Strategiespiele andererseits in Frage. Damit meine ich Spiele zum Üben (Mechanisieren, Automatisieren), zur Schulung der Konzentration und als Training des Problemlöseverhaltens.

Beat Wälti legt hier Spiele vor, die vorwiegend Material liefern zum lustbetonten Üben: z.B. Fertigkeiten trainieren, Arbeit mit Formeln usw. Daneben finden wir auch Spiele zum Sammeln von Erfahrungen und zur Schulung des Vorstellungsvermögens.

Ich wünsche den Lehrpersonen und ihren Schülerinnen und Schülern viel Spaß beim Einsatz dieser Spielsammlung.

Biglen, März 1996
Fred Eggenberg, Dozent Fachdidaktik Mathematik, Sekundarlehramt der Universität Bern

Liebe Kollegin, lieber Kollege

Ein weiteres Buch mit mehr oder weniger brauchbaren Spielen, werden Sie sagen und haben damit bestimmt nicht unrecht. Auf dem deutschsprachigen Markt sind denn auch schon viele Werke erschienen, die etwas Farbe in den Mathematikunterricht bringen wollen. Allerdings, so meine ich, wird den Lehrpersonen mit *Mathematikspiele für die Sekundarstufe 1* ein Werkzeug in die Hände gegeben, das über das «bloße» Legen von Tangram-Puzzles, das Lösen von Denksportaufgaben oder das spielerische Üben von Grundfertigkeiten hinausgeht. Ziel der Sammlung war von vornherein, zu sämtlichen größeren Themenfeldern der Klassen 6–9 mindestens ein Spiel vorstellen zu können. So wurde denn in einer mehrjährigen Phase Verschiedenes entwickelt, erprobt, verworfen, gesucht, angepasst oder eingeordnet und schließlich zum vorliegenden Band zusammengestellt.
Die Spiele sollen
- einfach vorzubereiten und durchzuführen sein,
- aktiv entdeckendes und soziales Lernen voraussetzen oder fördern,
- dem Lernniveau der eigenen Klasse angepasst werden können,
- unterhaltsame und lustvolle Aspekte einschließen,
- einen direkten Bezug zu Lehrplanthemen aufweisen,
- Alternativen zu oft eintönigen Übungslektionen bieten,
- die Möglichkeit zur inneren Differenzierung enthalten, indem stärkere Schülerinnen und Schüler zusätzlich Strategien entwickeln, weitere Zusammenhänge entdecken, helfen und klären oder die Regeln adaptieren können.

Außer dem Spielbuch wird wenig Material benötigt. Ich empfehle, einige Kartenspiele sowie je einige Würfel mit sechs, acht, zehn, zwölf und zwanzig Augen griffbereit zu halten. Weitere notwendige Materialien können mit Hilfe von Kopien, Schere, Klebstreifen und Leim hergestellt werden.

Bei der Erprobung der Spiele waren die Anregungen und die Mithilfe der Klassen 1c und 2c des Schuljahres 95/96, Sekundarschule Spiez, sehr wertvoll. Ebenso trugen die Tipps und Korrekturvorschläge der Kolleginnen und Kollegen zum Gelingen des Werkes bei. Ihnen allen möchte ich an dieser Stelle herzlich danken.
Auch weitere Rückmeldungen jeglicher Art sind jederzeit willkommen.

Spiez, im Juli 1996
Beat Wälti

Inhaltsverzeichnis

Klassen	6	7	8	9	10

3–5 Spielerinnen und Spieler

Binomische Formeln

Summandenklau

Material

- Je Spielgruppe 50 Summandenkärtchen (Kopiervorlage)

Lernziel

- Einfache Binome erkennen und richtig ausklammern
- Die drei binomischen Formeln anwenden

Spielziel

Mit jeweils 3 oder (bei der 3. binom. Formel) 2 Kärtchen binomische Summen bilden

Spielregeln

Die 50 Summandenkärtchen werden verdeckt auf den Tisch gelegt. Die Spielerinnen und Spieler ziehen je 8 Kärtchen und prüfen, ob sie damit ein Binom (etwa $+ a^2 + 2a + 1$) legen können.
Als Erste ist Gabi an der Reihe. Falls sie 2 oder 3 Kärtchen zu einer binomischen Summe gruppieren und den entsprechenden Klammerausdruck nennen kann [etwa $(a+1)(a+1)$], lässt sie die Summe liegen und ergänzt die Handkarten wieder auf 8. Gelingt das nicht, zieht Gabi eine weitere Karte und steckt sie zu den Handkarten. Sie muss nun allerdings ein Kärtchen offen auf den Tisch zurücklegen, da die Anzahl Handkarten nicht mehr als 8 sein darf. Eine binomische Summe kann sie erst im nächsten Umgang ablegen.
Als nächster Spieler zieht Marcel ein Kärtchen. Falls von früheren Runden aufgedeckte Kärtchen auf dem Tisch liegen (z.B. von Gabi) kann er auch davon aufnehmen. Auch er muss eine Karte zurücklegen, falls er keine binomische Summe findet.
Es gewinnt, wer zuerst 4 binomische Summen abgelegt hat.

Beispiele für abgelegte Kärtchen:

$+ 1$	$- 4a^2b^2$		$= (1 + 2ab)(1 - 2ab)$
$+ 4a^2$	$+ 8a$	$+ 4$	$= (2a + 2)(2a + 2)$
$+ 4a^2$	$- 4ab$	$+ b^2$	$= (2a - b)(2a - b)$

Varianten

- Beschränken auf die 1. und die 2. binomische Formel. Somit sind für eine Formel grundsätzlich immer drei Summanden abzulegen. Um negative Quadrate loszuwerden, ist dann auch die Form $-(a+b)(a+b)$ erlaubt.

$+ a^2$	$+ a^2$	$+ a^2$	$+ a^2$	$- a^2$
$- a^2$	$- b^2$	$- b^2$	$+ b^2$	$+ b^2$
$+ 2ab$	$- 2ab$	$+ 4ab$	$+ 2ab$	$- 2ab$
$- 4ab$	$- 4a^2$	$+ 4a^2$	$+ 4b^2$	$- 4b^2$
$+ 4a^2$	$+ 4b^2$	$+ 1$	$+ 4$	$- 1$
$- 4$	$+ 4$	$+ 1$	$+ 2a$	$+ 2b$
$+ a^2b^2$	$+ 4a^2b^2$	$+ 2ab$	$- 2ab$	$+ 4ab$
$- 4ab$	$- 2a^2b$	$- 2ab^2$	$+ 4a^2b$	$- 4ab^2$
$+ 8ab$	$- 8ab$	$+ 8a$	$+ 8b$	$- 8b$
$- 8b$	$- a^2b^2$	$- 4a^2b^2$	$+ 4a^2b^2$	$+ a^2b^2$

Summandenklau: Lösungsmöglichkeiten

1. $(a + b) \cdot (a + b) = a^2 + 2ab + b^2$
2. $(a + b) \cdot (a - b) = a^2 - b^2$
3. $(a + 2b)^2 = a^2 + 4ab + 4b^2$
4. $(2a + b)^2 = 4a^2 + 4ab + b^2$
5. $(2a + 2b)^2 = 4a^2 + 8ab + 4b^2$
6. $(2a + 2b)(2a - 2b) = 4a^2 - 4b^2$
7. $(2ab + 1)^2 = 4a^2b^2 + 4ab + 1$
8. $(ab - 2)^2 = a^2b^2 - 4ab + 4$
9. $(a + 2)^2 = a^2 + 4a + 4$
10. $(2b - 2)^2 = 4b^2 - 8b + 4$
11. $(a - b)(a - b) = a^2 - 2ab + b^2$
12. $(b - a)(b + a) = b^2 - a^2$
13. $(a - 2b)^2 = a^2 - 4ab + b^2$
14. $(2a - b)^2 = 4a^2 - 4ab + b^2$
15. $(2a - 2b)^2 = 4a^2 - 8ab + 4b^2$
16. $(2a + b)(2a - b) = 4a^2 - b^2$
17. $(2ab + 2)^2 = 4a^2b^2 + 8ab + 4$
18. $(ab + 2)(ab - 2) = a^2b^2 - 4$
19. $(2 - b)(2 + b) = 4 - b^2$
20. $(2 + 2a)(2 - 2a) = 4 - 4a^2$

Klassen	6	7	8	9	10

2 Spielerinnen und Spieler

Größenvergleich von Brüchen

Bruch-Billard

Material

- Spielplan «Bruch-Billard», 3 verschiedene Spielmarken

Lernziel

- Gefühl für den Wert eines Bruches bekommen und wenn nötig rechnerisch bestimmen

Spielziel

Eine Spielmarke so setzen, dass keine weitere gesetzt werden kann

Spielregeln

Sarah setzt eine Spielmarke auf $\frac{1}{120}$ (kleinster Bruch auf dem Spielplan). Martin setzt eine Spielmarke auf $\frac{3}{2}$ (größter Bruch). Die dritte Spielmarke muss Sarah auf einen Bruch setzen, dessen Größe zwischen den beiden mit Marken besetzten Brüchen liegt (das erste Mal erfüllt jeder Bruch diese Bedingung).
Die zuletzt gesetzte Marke ist immer gesperrt. Bei seinem 2. Zug kann Martin also die Spielmarke von $\frac{1}{120}$ oder von $\frac{3}{2}$ verschieben und sie auf einen Bruch setzen, dessen Wert zwischen den beiden noch besetzten Brüchen liegt. Dann ist wieder Sarah an der Reihe und fährt nach der gleichen Regel fort.
Die Differenz zwischen den besetzten Bruchfeldern wird so immer kleiner. Wer zuletzt eine Marke setzen kann, gewinnt das Spiel.

Varianten

- Über jeden getätigten Spielzug ein Protokoll führen.
- Kooperativ spielen: gemeinsam möglichst viele richtige Züge ausführen.
- Dezimalbrüche oder Potenzen vergleichen. (Entsprechende Spielvorlagen müssten selbst hergestellt werden.)

Bruch-Billard: Spielplan

$\frac{1}{4}$	$\frac{6}{5}$	$\frac{1}{5}$	$\frac{3}{20}$	$\frac{3}{5}$	$\frac{1}{120}$
$\frac{3}{50}$	$\frac{1}{2}$	$\frac{1}{3}$	$\frac{1}{10}$	$\frac{1}{6}$	$\frac{1}{100}$
$\frac{3}{4}$	$\frac{6}{25}$	$\frac{8}{9}$	$\frac{7}{8}$	$\frac{17}{100}$	$\frac{3}{8}$
$\frac{2}{3}$	$\frac{10}{25}$	$\frac{3}{10}$	$\frac{2}{9}$	$\frac{9}{20}$	$\frac{13}{50}$
$\frac{3}{6}$	$\frac{29}{100}$	$\frac{7}{10}$	$\frac{1}{8}$	$\frac{13}{10}$	$\frac{1}{40}$
$\frac{5}{4}$	$\frac{1}{20}$	$\frac{81}{100}$	$\frac{3}{2}$	$\frac{5}{6}$	$\frac{3}{12}$

Klassen	6	7	8	9	10

2–5 Spielerinnen und Spieler pro Gruppe

Bruchterme

Teilersuche

Material

- Je Spielgruppe 30 Termkärtchen (Kopiervorlagen)
- Lösungsblatt

Lernziel

- Sicherheit in der Division von Termen erlangen
- Teiler und Vielfachmengen von Termen abschätzen

Spielziel

Möglichst viele Term-Pärchen bilden

Spielregeln

Die nummerierten Kärtchen werden ausgeschnitten und verdeckt auf den Tisch gelegt. Die Spielerinnen und Spieler einer Gruppe ziehen je 6 Kärtchen.
Der Reihe nach sollen von den 6 Kärtchen zwei paarweise abgelegt werden, so dass der eine Term Teiler des anderen ist. Die Division wird dabei mündlich oder schriftlich durchgeführt. Die Mitspielerinnen und Mitspieler kontrollieren die Rechnung, allenfalls unter Mithilfe des Lösungsblatts. Wurde die Aufgabe richtig gelöst, dürfen die beiden Karten offen auf den Tisch gelegt und zwei neue gezogen werden. Können keine passenden Terme gefunden werden, legt die Spielerin oder der Spieler zwei Karten verdeckt auf den Tisch und zieht dafür zwei neue Karten.
Das Spiel gewinnt, wer nach z.B. 6 Spielrunden oder nach einer bestimmten Zeit am meisten Termpaare ablegen konnte.

Beispiele:

Spielerin A

(19) $12b^3$	:	(23) $2b^3$	$= 6$
(26) $6a^2b^2$	:	(12) a^2b^2	$= 6$

Spieler B

(13) $12a^3$	:	(15) $4a^2$	$= 3a$
(30) $2a^2b^2$	:	(4) a^2	$= 2b^2$

Varianten

- Das Kartenset für die Klasse 7 und 8 beinhaltet ausschließlich Monome, mit dem Set für die Klasse 9 kann nur gespielt werden, wenn mit Binomen schon gearbeitet wurde.
- Nur 4 Karten austeilen. 4 weitere Karten liegen jeweils offen auf dem Tisch. Der Reihe nach stellt sich die Aufgabe, Pärchen mit den Tisch- und Handkarten zu bilden. Wer kein Paar bilden kann, darf eine weitere Karte aufdecken. Abgelegte Karten werden durch Karten vom Stapel ersetzt.
- Zu einem vorgegebenen Term möglichst viele Teiler finden.

Teilersuche: Kartenset 7./8. Klasse

1 a^4	2 a^4	3 a^3	4 a^2	5 a
6 ab	7 b^4	8 b^3	9 b^2	10 b
11 ab^2	12 a^2b^2	13 $12a^3$	14 $6a^3$	15 $4a^2$
16 $3a^2$	17 $2a^4$	18 $2a$	19 $12b^3$	20 $6b^3$
21 $6b^2$	22 $4b^4$	23 $2b^3$	24 $2b$	25 $12ab^4$
26 $6a^2b^2$	27 $6a^2b$	28 $3a^3b^2$	29 $3ab^2$	30 $2a^2b^2$

Teilersuche: Kartenset 9. Klasse

1 a^2	2 $a^3 + a^2$	3 $a^4 + a^3$	4 $2a^3 + a^2$	5 $2a^2 + a$
6 $2a + 1$	7 a^3	8 $a + 1$	9 $a^2 - 1$	10 $2a^2 + 2a$
11 $a^2 + 1$	12 $2a^2 + 2$	13 a^4	14 $a - 1$	15 $a^2 + 2a$
16 $a + 2$	17 $a^3 + 2a^2$	18 $2a + 2$	19 a	20 $a^2 - 4$
21 $a^2 + a$	22 $2a + 1$	23 $2a^4 + 2a^3$	24 $4a^2 + 4$	25 2
26 $a - 2$	27 $a^2 - a$	28 $a^3 - 2a^2$	29 $a^5 + a^4$	30 $4a^2 - 4$

Kartenset 7./8. Klasse

Karte Nr.	ist Teiler von
1	2; 17
2	1; 17
3	1; 2; 13; 14; 28
4	1; 2; 3; 12–17; 26; 27; 28; 30
5	1–6; 13–18; 25–30
6	11; 12; 25; 26; 27; 28; 29; 30
7	22; 25
8	7; 19; 20; 22; 23; 25
9	7; 8; 11; 12; 19–23; 25; 26; 28; 29; 30
10	7–12; 19–30
11	12; 25; 26; 28; 29; 30
12	26; 28; 30
13	Ist nicht Teiler eines aufgeführten Terms
14	13
15	13

Karte Nr.	ist Teiler von
16	13; 14; 26; 27; 28
17	Ist nicht Teiler eines aufgeführten Terms
18	13; 14; 15; 17; 25; 26; 27; 30
19	25
20	19; 25
21	19; 20; 25; 26
22	25
23	19; 20; 22; 25
24	19–30
25	Ist nicht Teiler eines aufgeführten Terms
26	Ist nicht Teiler eines aufgeführten Terms
27	26
28	Ist nicht Teiler eines aufgeführten Terms
29	25; 28
30	26

Kartenset 9. Klasse

Karte Nr.	ist Teiler von
1	2; 3; 4; 7; 17; 23; 28; 29
2	3; 23; 29
3	29
4	Ist nicht Teiler eines aufgeführten Terms
5	4
6	4; 5
7	13; 23; 29
8	2; 3; 9; 10; 18; 21; 23; 30
9	30
10	23
11	12; 24
12	24
13	29
14	9; 27; 30
15	17

Karte Nr.	ist Teiler von
16	15; 17; 20
17	Ist nicht Teiler eines aufgeführten Terms
18	10; 30
19	1–15; 7; 13; 15; 17; 21; 23; 27; 28
20	Ist nicht Teiler eines aufgeführten Terms
21	2; 3; 29
22	4; 5
23	Ist nicht Teiler eines aufgeführten Terms
24	Ist nicht Teiler eines aufgeführten Terms
25	12; 18; 23; 24; 30
26	20; 28
27	Ist nicht Teiler eines aufgeführten Terms
28	Ist nicht Teiler eines aufgeführten Terms
29	Ist nicht Teiler eines aufgeführten Terms
30	Ist nicht Teiler eines aufgeführten Terms

Klassen	6	7	8	9	10

2 Spielerinnen und Spieler

Verwandeln von Dezimalbrüchen und gemeinen Brüchen

Reversi

Material

- 1 Spielplan (Kopiervorlage)
- 36 Reversi-Kärtchen (Kopiervorlage)

Lernziel

- Brüche sicher in Dezimalbrüche umformen und umgekehrt
- Ein klassisches Strategiespiel kennenlernen

Spielziel

Mehr Karten umdrehen können als die Gegnerin oder der Gegner

Spielregeln

Für Marina zählen die gemeinen Brüche. Ihr Ziel ist, die Dezimalbrüche umzudrehen.
Für Jonas zählen die Dezimalbrüche, er verfährt umgekehrt.
Nun wird nach den üblichen Reversi-Regeln gespielt. Eine Karte darf allerdings nur dann gedreht werden, wenn die Umwandlung Dezimalbruch – gemeiner Bruch oder umgekehrt richtig ausgeführt wird. Bei jeder neuen Karte, die man setzt, ist darauf zu achten, dass möglichst viele gegnerische Karten zwischen zwei eigene zu liegen kommen (diagonal, vertikal oder horizontal). Alle dazwischen liegenden Karten dürfen nämlich umgedreht werden. Sie werden so zu eigenen Spielkarten.
Das übliche Reversi-Spielfeld mit 8 auf 8 Feldern hat sich als zu groß erwiesen, daher beschränken wir uns hier auf 6x6 Felder.

Varianten

- Ein eigenes Reversi kann etwa mit Bruchteilen und Prozent-Werten hergestellt werden – warum nicht als Hausaufgabe?

Reversi-Kärtchen

$\frac{1}{4}$	$\frac{6}{5}$	$\frac{1}{5}$	$\frac{3}{20}$	$\frac{3}{5}$	$\frac{11}{40}$
$\frac{3}{50}$	$\frac{1}{2}$	$\frac{1}{3}$	$\frac{1}{10}$	$\frac{1}{6}$	$\frac{1}{100}$
$\frac{3}{4}$	$\frac{6}{25}$	$\frac{8}{9}$	$\frac{7}{8}$	$\frac{17}{100}$	$\frac{3}{8}$
$\frac{2}{3}$	$\frac{10}{25}$	$\frac{3}{10}$	$\frac{2}{9}$	$\frac{9}{20}$	$\frac{13}{50}$
$\frac{3}{6}$	$\frac{29}{100}$	$\frac{7}{10}$	$\frac{1}{8}$	$\frac{13}{10}$	$\frac{1}{40}$
$\frac{5}{4}$	$\frac{1}{20}$	$\frac{81}{100}$	$\frac{3}{2}$	$\frac{5}{6}$	$\frac{3}{12}$

------------------Bitte hier falten, Hälften leimen und Kärtchen ausschneiden------------------

1.25	0.05	0.81	1.5	$0.8\overline{3}$	0.25
0.5	0.29	0.7	0.125	1.3	0.025
$0.\overline{6}$	0.4	0.3	$0.\overline{2}$	0.45	0.26
0.75	0.24	$0.\overline{8}$	0.875	0.17	0.375
0.06	0.5	$0.\overline{3}$	0.1	$0.1\overline{6}$	0.01
0.25	1.2	0.2	0.15	0.6	0.275

Reversi-Spielplan

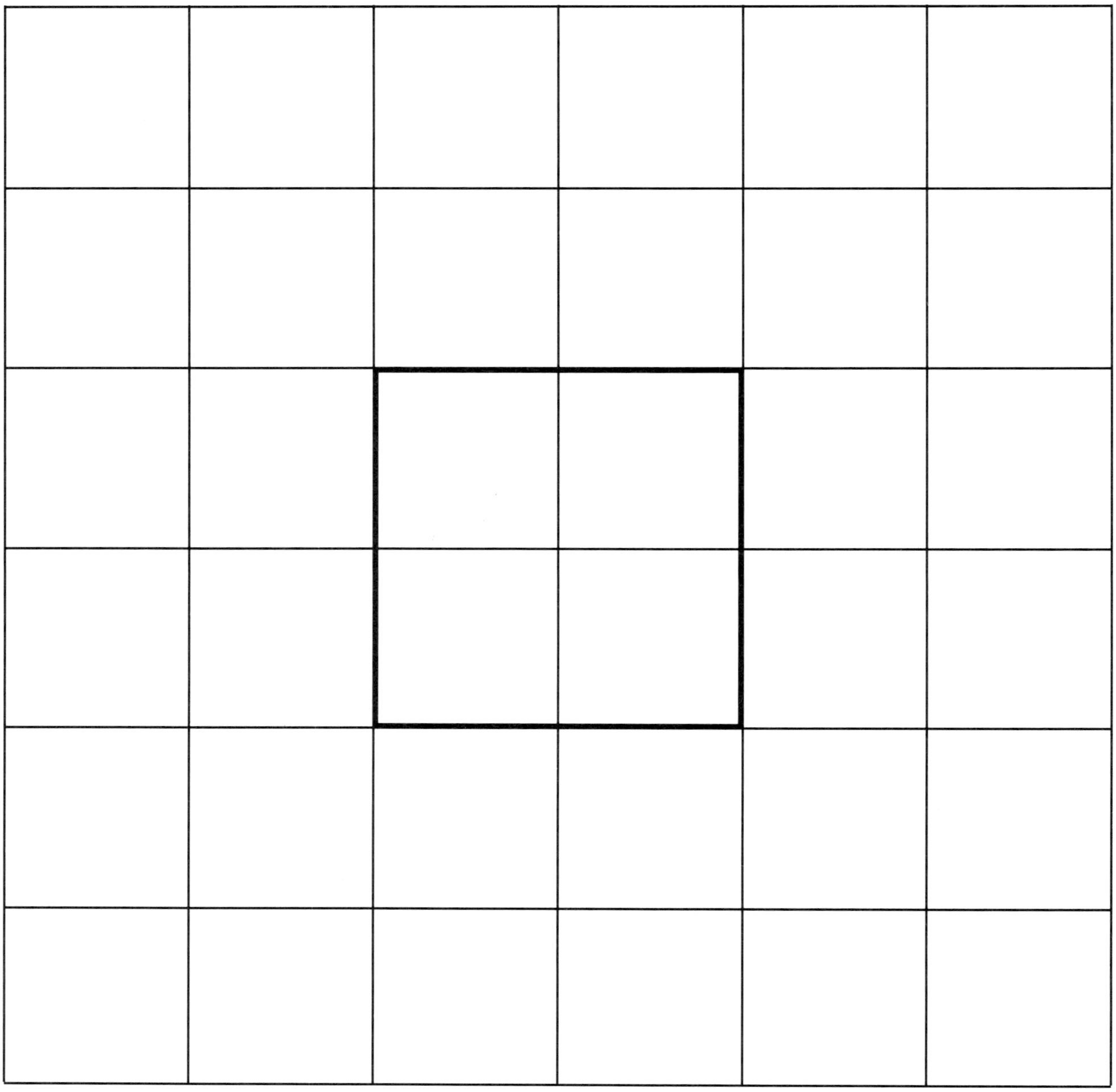

Klassen	6	7	8	9	10

Gruppen zu 2–3 Spielerinnen und Spielern

Zahlenfolgen, Terme als Rechenvorschrift

Zahlen folgen

Material

- Pro Gruppe je 25 Kärtchen mit Zahlenfolgen und entsprechenden Formeln (Kopiervorlagen)
- 1 Spielblatt pro Gruppe (Kopiervorlage)

Lernziel

- Erkennen, dass die Glieder von Zahlenfolgen algebraisch darstellbar sind
- Buchstabenterme richtig auswerten können
- Produkte, insbesondere solche mit mehreren negativen Faktoren, berechnen

Spielziel

Möglichst viele Formeln und Zahlenfolgen richtig zuordnen

Spielregeln

Die Klasse wird in Gruppen zu 2 oder 3 Schülerinnen und Schülern aufgeteilt. Die nummerierten Formelkärtchen werden verdeckt auf das Pult gelegt.
Die Kärtchen A bis Z mit den Zahlenfolgen werden im Klassenzimmer an den Wänden befestigt. Ersetzt man in einer Formel die Variable n durch natürliche Zahlen 1, 2, 3, ..., resultiert eine entsprechende Zahlenfolge. Jede Spielgruppe soll möglichst viele Formeln und Zahlenfolgen richtig zuordnen.
Zu Beginn des Spiels zieht jede Gruppe ein Formelkärtchen und sucht die entsprechende Zahlenfolge. Die Zuordnung wird auf dem Spielblatt notiert und der Lehrperson gemeldet. Die Lehrperson macht den entsprechenden Kontrolleintrag.
Daraufhin zieht die Gruppe ein neues Formelkärtchen. Falsch gelöste Aufgaben können später erneut gezogen und verbessert werden. Welche Gruppe hat am Ende des Spiels am meisten richtige Zuordnungen erreicht?

Varianten

- Jede Gruppe erhält sämtliche Formelkärtchen und versucht, alle Zuordnungen zu finden.
- Die Schwierigkeit ist geringer als man gemeinhin annehmen könnte. Die Schülerinnen und Schüler berechnen die Folgenglieder nicht exakt, sondern wenden eher ein Ausschlussverfahren an. Wird eine exakte Berechnung gewünscht, muss die Anlage des Spiels geändert werden.
- Das Spiel «Wie groß wird's» basiert auf ähnlichen Überlegungen. Sicher sind auch Mischformen der beiden Spiele möglich.

Lösungen

Formel	1	2	3	4	5	6	7	8	9	10	11	12	13
Zahlenfolge	K	Y	Z	Q	E	F	P	V	D	A	W	T	U

Formel	14	15	16	17	18	19	20	21	22	23	24	25
Zahlenfolge	O	R	M	C	X	G	I	S	H	B	L	N

Zahlen folgen: Spielblatt

Gruppe

Formel	Zahlenfolge	Kontrolle	Formel	Zahlenfolge	Kontrolle
1			14		
2			15		
3			16		
4			17		
5			18		
6			19		
7			20		
8			21		
9			22		
10			23		
11			24		
12			25		
13					

Gruppe

Formel	Zahlenfolge	Kontrolle	Formel	Zahlenfolge	Kontrolle
1			14		
2			15		
3			16		
4			17		
5			18		
6			19		
7			20		
8			21		
9			22		
10			23		
11			24		
12			25		
13					

Gruppe

Formel	Zahlenfolge	Kontrolle	Formel	Zahlenfolge	Kontrolle
1			14		
2			15		
3			16		
4			17		
5			18		
6			19		
7			20		
8			21		
9			22		
10			23		
11			24		
12			25		
13					

Zahlen folgen: Zahlenfolgen

A –2, –1, –4, –3, –6, –5, …	B 0, 0, 2, 6, 12, 20, …	C 2, 6, 12, 20, 30, 42, …
D 1, 5, 5, 9, 9, 13, 13, …	E 4, 7, 10, 13, 16, 19, …	F 0, 1, 4, 9, 16, 25, …
G 2, 4, 6, 8, 10, 12, …	H 0, –1, –2, –3, –4, –5, …	I 1, 4, 27, 256, 15 125, …
K –2, 4, –8, 16, –32, 64, …	L 1, 4, 9, 16, 25, 36, …	M 0, 1, 3, 6, 10, 15, …
N 0, 1, 8, 81, 1024, …	O 0, 1, 3, 7, 15, 31, …	P 4, 2, 0, –2, –4, –6, …
Q –4, –2, 0, 2, 4, 6, …	R 2, 5, 8, 11, 14, 17, …	S 1, 4, 10, 20, 35, 56, …
T 0.5, 0, –1.5, –4, –7.5, –12, …	U 1, 1, 1, 1, 1, 1, …	V 0, 3, 8, 15, 24, 35, …
W 0, 1, 4, 27, 256, 15 125, …	X 0, 1, 2, 3, 4, 5, 6, …	Y 0, 3, 2, 5, 4, 7, 6, …
Z 0, 2, 0, 2, 0, 2, …		

Zahlen folgen: Formelkärtchen

1 $(-2)^n$	2 $(-1)^n + n$	3 $(-1)^n + 1$	4 $2(n-3)$	5 $\frac{6n}{2} + 1$
6 $(-n+1)^2$	7 $-2(n-3)$	8 $(-n)^2 - 1$	9 $(-1)^n + 2n$	10 $(-1)^n - n$
11 $(n-1)^{n-1}$	12 $\frac{-n(n-2)}{2}$	13 $(-1)^{2n}$	14 $\frac{2^n}{2} - 1$	15 $(3n-1)$
16 $\frac{n(n-1)}{2}$	17 $n(n+1)$	18 $\frac{2n}{2} - 1$	19 $\frac{-2n}{-1}$	20 n^n
21 $\frac{n(n+1)(n+2)}{6}$	22 $\frac{n(n-1)}{-n}$	23 $(n-1)(n-2)$	24 n^2	25 $(n-1)^n$

Klassen	6	7	8	9	10

2 Spielerinnen und Spieler

Verwandeln von Brüchen

Vier gewinnt

Material

- Je Spielgruppe 1 Spielplan (Kopiervorlage) und 2 Sets Resultate-Kärtchen

Lernziel

- Brüche sicher Dezimalbrüchen (oder Prozentwerten) zuordnen
- Schwierige Aufgaben lösen, wenn es die Strategie erfordert

Spielziel

4 Felder in einer Reihe mit Kärtchen abdecken

Spielregeln

Zwei Schülerinnen und Schüler erhalten einen Spielplan sowie je einen Satz Resultate-Kärtchen.
Lukas beginnt, indem er eine beliebige Aufgabe mit einem Resultate-Kärtchen abdeckt.
Jasmin kontrolliert, ob die Zuordnung richtig ist. (Warum nicht mit dem Taschenrechner?) Ist die Zuordnung falsch, muss Lukas das Kärtchen zurücknehmen, sonst darf es liegenbleiben. Nun deckt Jasmin eine Rechnung mit einem Resultate-Kärtchen ab und wird ihrerseits von Lukas kontrolliert.
Wer zuerst 4 Resultate-Kärtchen in einer Reihe auf dem Spielplan liegen hat, gewinnt das Spiel.

Varianten

- Das Spiel kann auch mit anderen Zuordnungen gespielt werden. Ich denke hier etwa an Prozentrechnen, Volumen von Körpern oder Anwendungen wie beim Spiel «Eigenschafts-Domino» (S. 60) beschrieben.
- Ein Feld darf nur dann besetzt werden, wenn alle darunter liegenden Felder bereits mit Resultate-Kärtchen abgedeckt sind.

Vier gewinnt: Spielplan

$\frac{1}{4}$	$\frac{6}{5}$	$\frac{1}{5}$	$\frac{3}{20}$	$\frac{3}{5}$	$\frac{1}{120}$
$\frac{3}{50}$	$\frac{1}{2}$	$\frac{1}{3}$	$\frac{1}{10}$	$\frac{1}{6}$	$\frac{1}{100}$
$\frac{3}{4}$	$\frac{6}{25}$	$\frac{8}{9}$	$\frac{7}{8}$	$\frac{17}{100}$	$\frac{3}{8}$
$\frac{2}{3}$	$\frac{10}{25}$	$\frac{3}{10}$	$\frac{2}{9}$	$\frac{9}{20}$	$\frac{13}{50}$
$\frac{3}{6}$	$\frac{29}{100}$	$\frac{7}{10}$	$\frac{1}{8}$	$\frac{13}{10}$	$\frac{1}{40}$
$\frac{5}{4}$	$\frac{1}{20}$	$\frac{81}{100}$	$\frac{3}{2}$	$\frac{5}{6}$	$\frac{3}{12}$

Vier gewinnt: Resultate-Kärtchen

0.25	1.2	0.2	0.15	0.6	$0.008\overline{3}$
0.06	0.5	$0.\overline{3}$	0.1	$0.1\overline{6}$	0.01
0.75	0.24	$0.\overline{8}$	0.875	0.17	0.375
$0.\overline{6}$	0.4	0.3	$0.\overline{2}$	0.45	0.26
0.5	0.29	0.7	0.125	1.3	0.025
1.25	0.05	0.81	1.5	$0.8\overline{3}$	0.25

0.25	1.2	0.2	0.15	0.6	$0.008\overline{3}$
0.06	0.5	$0.\overline{3}$	0.1	$0.1\overline{6}$	0.01
0.75	0.24	$0.\overline{8}$	0.875	0.17	0.375
$0.\overline{6}$	0.4	0.3	$0.\overline{2}$	0.45	0.26
0.5	0.29	0.7	0.125	1.3	0.025
1.25	0.05	0.81	1.5	$0.8\overline{3}$	0.25

Klassen	6	7	8	9	10

Ganze Klasse

Grundoperationen mit Brüchen

Brüchepoker

Material

- Würfel, idealerweise mit 8, 10 oder 12 Flächen

Lernziel

- Das operative Denken innerhalb des Systems «Werte von Bruchtermen» fördern
- Fragen wie «Was geschieht mit dem Bruchterm, wenn ich die 1 hier einsetze?» nachgehen
- Werte von Bruchtermen berechnen

Spielziel

Die Platzhalter eines Terms mit Zahlen so ersetzen, dass der Wert möglichst groß wird

Spielregeln

An der Wandtafel steht eine Rechnung mit Platzhaltern, die sich jeder Schüler und jede Schülerin aufschreibt. Es wird nun mit einem Würfel gewürfelt. Die gewürfelte Zahl wird an die Tafel geschrieben. Alle Schülerinnen und Schüler ersetzen nun einen Platzhalter durch die Zahl an der Tafel. Dabei ist stets das Ziel, ein möglichst großes Resultat zu erreichen, vor Augen zu halten.
Die Schülerinnen und Schüler können sich ihre Entscheide gegenseitig zeigen, bevor zum nächsten Wurf übergegangen wird. Sind alle Platzhalter durch Zahlen ersetzt, berechnen alle den Wert ihres Zahlenterms. Wer erhält das größte Resultat?

Beispiele:

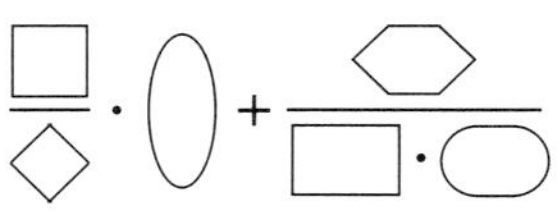

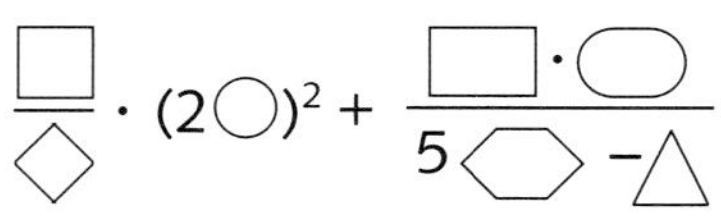

Varianten

- Eigene Kombinationen mit Platzhaltern erfinden oder von der Klasse entwickeln lassen.
- Der Wert des Bruchterms soll möglichst klein sein oder nahe bei 1 liegen.
- Anstatt der geometrischen Zeichen können selbstverständlich auch gewöhnliche Buchstabenvariablen verwendet werden.

Bruchteile rechnen

Material

- 2 Stapel Spielkärtchen (Kopiervorlagen)

Lernziel

- Bruchteile von ganzen und evtl. gemischten Zahlen berechnen können
- Schnellrechnen üben

Spielziel

Möglichst viele Kärtchen durch richtige Resultate «verdienen»

Spielregeln

Die Kärtchen werden getrennt – Brüche und ganze Zahlen – gemischt und verdeckt auf je einen Stapel gelegt.
Eine Schülerin oder ein Schüler deckt zu Beginn von jedem Stapel eine Karte auf – etwa «$\frac{1}{5}$» und «von 6». Wer das Resultat ($\frac{1}{5}$ von 6 = $1\frac{1}{5}$) zuerst sagt, darf die Kärtchen behalten und deckt die beiden nächsten Kärtchen auf.
Wer eine Aufgabe zuerst richtig löst, deckt die beiden nächsten Kärtchen auf, setzt die nächste Runde aus und kontrolliert die Lösungsvorschläge der anderen mit Hilfe des Taschenrechners.

Varianten

- Schülerinnen und Schüler, die mit dem Stoff Mühe haben, nehmen die Spielkärtchen zum Üben nach Hause. Sie können sich mit einem Taschenrechner selbst kontrollieren.
- Kärtchen mit anderen Brüchen selbst beschriften.
- Das gleiche Spiel lässt sich für andere Bereiche einsetzen: Prozent- und Zinsrechnen. Hier lassen sich auch verschiedene Kategorien (Stapel) bilden: Kapital, Zinssatz, Zeit.

Bruchteile rechnen: Spielkärtchen (1)

$\frac{1}{2}$	$\frac{1}{3}$	$\frac{1}{4}$	$\frac{1}{5}$
$\frac{1}{6}$	$\frac{1}{10}$	$\frac{7}{10}$	$\frac{4}{5}$
$\frac{3}{4}$	$\frac{2}{3}$	$\frac{13}{20}$	$\frac{2}{5}$
$\frac{5}{6}$	$\frac{1}{8}$	$\frac{5}{8}$	$\frac{7}{8}$
$\frac{1}{12}$	$\frac{3}{20}$	$\frac{3}{10}$	$\frac{1}{20}$

von 2	von 3	von 4	von 5
von 6	von 8	von $1\frac{1}{2}$	von $2\frac{1}{2}$
von 10	von 12	von 15	von 18
von $\frac{1}{2}$	von $\frac{1}{4}$	von 100	von 25
von 30	von 40	von 60	von 72

Klassen	6	7	8	9	10

2–4 Spielerinnen und Spieler

Polynome, Quadratische Gleichungen

Polynomsuche

Material

- 2 Würfel (mit 6, 8, 12 oder 20 Augen) je Spielgruppe

Lernziel

- Lösungsmenge einer Gleichung zweiten Grades zuordnen können
- Fertigkeit im Umgang mit Polynomen erlangen

Spielziel

Zu einer Lösungsmenge schnell die entsprechende quadratische Gleichung finden

Spielregeln

Das Spiel ist in seiner Anlage sehr einfach und sollte nicht länger als 20 Minuten gespielt werden.
Es wird mit zwei Würfeln gleichzeitig gewürfelt. Die gewürfelten Zahlen sind als die beiden Lösungen einer quadratischen Gleichung zu betrachten. Um auch negative Lösungen zu ermöglichen, wird der Spieltisch mit einer Linie (Kreide, Faden o.Ä.) in zwei Wurfzonen unterteilt: eine Zone für positive, eine für negative Zahlen. Sobald die Lösungen notiert sind, suchen die Spielerinnen und Spieler nach der entsprechenden quadratischen Gleichung. Wer schafft's schneller richtig?

Beispiel: Es werden die Zahlen 5 und 9 gewürfelt. Der Würfel mit der Augenzahl 9 fällt auf die negative, derjenige mit 5 auf die positive Wurfzone. Die Lösungsmenge ist also $\{-9; 5\}$.
Die Gleichung lautet $(x + 9)\,(x - 5) = 0$.
Die gesuchte Polynomgleichung ist $x^2 + 4x - 45 = 0$.

Varianten

- Mit drei Würfeln spielen. Die drei Lösungen gehören dann zu Gleichungen dritten Grades.

Klassen	6	7	8	9	10

2–4 Spielerinnen und Spieler

Gleichungen auflösen, Maßstabberechnungen

Schnittpunkteln

Material

- Schulkarte der Schweiz (Maßstab 1 : 500 000)
- Zirkel
- Aufgabenblatt mit Gleichungen (Kopiervorlage)

Lernziel

- Einfache Gleichungen richtig auflösen
- Distanzen auf Landkarten berechnen

Spielziel

Die durch die Variablen x und y bestimmten (Kreis-)Schnittpunkte (Ortschaften) finden

Spielregeln

Das Spiel bedingt mehrere Fähigkeiten gleichzeitig: Es müssen Gleichungen aufgelöst, Maßstabberechnungen durchgeführt und Kreis-Schnittpunkte bestimmt werden.
Zwei bis vier Schülerinnen und Schüler arbeiten mit einem Arbeitsblatt und einer Schulkarte miteinander. Eine Aufgabe besteht jeweils aus zwei Gleichungen, die nach x und y aufzulösen sind. Die beiden Resultate dienen dazu, auf der Karte einen gesuchten Ort zu finden. Die beiden Angaben einer Aufgabe genügen, um den Ort eindeutig zu bestimmen, da der zweite Schnittpunkt der zwei Kreise mit den Radien x und y nicht auf eine Ortschaft trifft.
Beispiel:

$2x - 2 = 18 \Rightarrow x = 10$ x: Entfernung in km von St. Gallen
$16 - 2y = 8 \Rightarrow y = 4$ y: Entfernung in km von Herisau

Gossau ist 10 km von St. Gallen und 4 km von Herisau entfernt.

Die Kopiervorlage enthält Gleichungen mit 2 Variablen für die 9. Klasse sowie lineare Gleichungen für die 7. und 8. Klasse. Sie ergeben je die gleichen Resultate für x und y.

Lösungen und gesuchte Orte:

	x	y	Ort
1)	10	4	Gossau
2)	14	8	Liestal
3)	17	7.5	Estavayer
4)	19	1	Interlaken
5)	22	35	Cevio
6)	12	6	Horgen
7)	7	15	Uster
8)	24	14	Nyon
9)	18	22	Grimentz

Varianten

- Die Schülerinnen und Schüler sollen nach der gegebenen Vorlage selbst eine Aufgabe entwickeln.

Versuche, folgende Gleichungen aufzulösen. Die beiden Resultate einer Aufgabe ergeben die Distanz (in km) einer zu bestimmenden Ortschaft von den genannten Orten. Den gesuchten Ort findest du mit Hilfe der Schweizer Landeskarte, eines Zirkels und einer Umrechnungstabelle.

	Lineare Gleichungen Klassen 7 und 8	x Entfernung in km von	y Entfernung in km von	Gleichungen mit zwei Variablen Klassen 9 und 10
1)	$2x - 2 = 18$ $16 - 2y = 8$	St. Gallen	Herisau	$x + y = 14$ $x - y = 6$
2)	$1 + 2x = 43 - x$ $y + 7 = 2y - 1$	Basel	Muttenz	$2x + 2y = 44$ $2x - 2y = 12$
3)	$(x - 2) : 3 = 5$ $30 - 2y = 15$	Neuchâtel	Payerne	$x = 2y + 2$ $2y = 2x - 19$
4)	$20 - x = x : x$ $177 + y = 178$	Thun	Unterseen	$40 - 2x = 2y$ $18 + y = x$
5)	$11 + 0.5x = 22$ $70 - 2y = 0$	Locarno	Bellinzona	$x + 2y = 3x + 26$ $2x = y + 9$
6)	$5x + 24 = 6x + 12$ $12 : 2y = 1$	Zug	Wädenswil	$y - 6 = x - 12$ $3y + 10 = 2x + 4$
7)	$7x + 9 = 58$ $3y - 8 = 2y + 7$	Wetzikon	Kloten	$(x + 2) : 3 = y - 12$ $2x + 1 = y$
8)	$x : 8 = 3$ $2y + 14 = 3y$	Morges	Versoix	$3x + 2y = 100$ $3x - 2y = 44$
9)	$2x + 3x = 90$ $y : 2 - 10 = 1$	Sion	Zermatt	$2x + 2y = 2x + 44$ $x + y = 40$

Gleichungen würfeln

Material

- Pro Spielgruppe 3 Würfel (6er, 8er, 12er oder 20er) und einen Spielplan

Lernziel

- Variablen spielerisch als Platzhalter verwenden
- Erleben, wie verschiedene Gleichungen gleiche Resultate aufweisen können
- Den eher unüblichen Weg vom Resultat zur Gleichung gehen

Spielziel

Mit den gewürfelten Augenzahlen passende Gleichungen aufstellen

Spielregeln

Der Spielplan besteht aus 15 Feldern mit je einer Gleichung aus 3 Platzhaltern sowie einer Größenangabe für x.
Es gilt nun, mit allen drei Würfeln gleichzeitig zu würfeln. Können die gewürfelten Augenzahlen so auf die Platzhalter verteilt werden, dass die Gleichung für den angegebenen x-Wert stimmt, wird die Gleichung notiert und weitergewürfelt. Lässt sich aus den Augenzahlen keine passende Gleichung bilden, muss nochmals gewürfelt werden.
Ich empfehle, das Spiel kooperativ zu spielen, d.h., die Gruppe sucht gemeinsam nach Resultaten. Welche Gruppe hat zuerst 12 Felder ausgefüllt?

Beispiele:

$\boxed{12}\,x + \boxed{6} = \boxed{6}$ $x = 0$	$\boxed{5}\,x - \boxed{2} = \boxed{3}$ $x = 1$
$\boxed{8}\,x + \boxed{2} = \boxed{6}$ $x = 0.5$	$\boxed{3}\,x - \boxed{1} = \boxed{11}$ $x = 4$

Varianten

- Zwei Schülerinnen und Schüler spielen gegeneinander. Beide versuchen abwechselnd mit den gewürfelten Augenzahlen Gleichungen aufzustellen. Wer nach einer bestimmten Anzahl Spielrunden mehr «gewürfelte» Gleichungen hat, gewinnt das Spiel.
- Das Spiel kann mit den gleichen Vorgaben als Hausaufgabe eingesetzt werden. In der nächsten Mathematikstunde lässt sich das Spiel natürlich dennoch spielen.
- Das Spiel lässt sich auch mit schwierigen Gleichungen (andere Vorgaben und Resultate) spielen.

$\square\, x \pm \square = \square$ $x = 0.25$	$\square\, x \pm \square = \square$ $x = 2.5$	$\square\, x \pm \square = \square$ $x = 5$	$\square\, x \pm \square = \square$ $x = -1$	$\square\, x \pm \square = \square$ $x = 0.75$
$\square\, x \pm \square = \square$ $x = 0.5$	$\square\, x \pm \square = \square$ $x = 2$	$\square\, x \pm \square = \square$ $x = 4$	$\square\, x \pm \square = \square$ $x = 0$	$\square\, x \pm \square = \square$ $x = \frac{2}{3}$
$\square\, x \pm \square = \square$ $x = 1$	$\square\, x \pm \square = \square$ $x = 1.5$	$\square\, x \pm \square = \square$ $x = 3$	$\square\, x \pm \square = \square$ $x = 6$	$\square\, x \pm \square = \square$ $x = \frac{1}{3}$

Taschenrechner-Rallye

Material

- Kärtchen mit Ziffern und den Operationszeichen (Auswahl dem Stand der Klasse anpassen) des Taschenrechners (Kopiervorlage)
- Taschenrechner

Lernziel

- Sicherheit im Umgang mit Taschenrechner erwerben
- Sich an Rechengesetze (z.B. «Punkt vor Strich») erinnern
- Resultate von Rechnungen abschätzen und vergleichen

Spielziel

Mit gegebenen Zahlen und Operationen möglichst große Resultate erhalten

Spielregeln

Es werden zwei Kartenstapel vorbereitet: Der erste enthält sämtliche Ziffern von 0–9, der zweite die Operationszeichen. (Mit den Grundoperationen beginnen; weitere «Tasten» wie (), 1/x, x^2, $\sqrt{x}$ später einsetzen.)
Eine Schülerin oder ein Schüler zieht 5 Zahlen- und 4 Operationskärtchen.
Die 9 gezogenen «Tasten» werden an die Wandtafel geschrieben. Die Klasse erhält nun die Aufgabe, die Tasten derart aneinander zu reihen, dass ein möglichst großes (oder kleines) Resultat entsteht. Zusätzlich zu den 9 Tasten ist die Taste «=» mehrere Male erlaubt und muss nicht gezogen werden. Nach höchstens 2 Zahlentasten muss jeweils eine Operationstaste gedrückt werden.
Wer der Meinung ist, eine gute Lösung gefunden zu haben, schreibt sie mit der Reihenfolge der gedrückten Tasten an die Wandtafel.
Die exakte Schreibweise muss zumindest bei einigen Aufgaben zusätzlich dargestellt werden (siehe Beispiel unten).

Beispiel:

0	1	4	9	4	·	()
					–	x^2

Eingabe im Taschenrechner: $(91 \cdot 44)x^2 - 0 =$

Exakte Schreibweise: $(91 \cdot 44)^2 = 16\,032\,016$

Varianten

- Der Schwierigkeitsgrad lässt sich selbstverständlich steigern, indem man weitere Operationen zulässt.
- Es kann sinnvoll sein, den Einsatz eines Kommas zuzulassen bzw. vorzuschreiben.
- Andere Aufgabenstellungen einstreuen. Das Resultat soll einmal möglichst nahe bei 1, ein anderes Mal möglichst nahe bei 100 sein.

0	1	2	3	4
5	6 u	7	8	9 u
0	1	2	3	4
5	6 u	7	8	9 u

+	–	·	:	Komma .
1/x	()	x^2	$\sqrt{x}$	y^x
%	x!	$\sqrt[x]{y}$	π	

Klassen	6	7	8	9	10

2 Spielerinnen und Spieler

Dezimalzahlen, rationale Zahlen

Zahlenschieben

Material

- Pro Spielgruppe 2 mal 3 (4) Spielsteine
- Spielplan (Kopiervorlage)

Lernziel

- Sich gedanklich im Stellenwertsystem bewegen
- Die Stellenschreibweise von einem anderen Gesichtspunkt aus betrachten

Spielziel

Alle 3 Spielsteine in eine Diagonale bringen

Spielregeln

In Abwandlung des Spiels «Gleitkomma-Schach» (S. 47) spielen 2 Spielerinnen und Spieler mit je 3 Spielsteinen und einem Spielplan. Karin und Simon setzen zu Beginn abwechselnd ihre Spielsteine. Die Steine dürfen nur auf die Ecken sowie auf die 4 Felder in der Mitte des Spielplans gesetzt werden. Die Steine von Karin und Simon dürfen während des ganzen Spiels nie Kante an Kante liegen. Gegnerische Steine können so gesperrt werden. Nach dem Setzen werden die Werte der Steine addiert. Beide schreiben sich ihre Summe auf.
Simon hat als Zweiter gesetzt und zieht daher zuerst. Bei einem Zug darf ein Stein horizontal oder vertikal in ein Nachbarfeld geschoben werden. Karin und Simon ziehen abwechselnd und notieren nach jedem dritten Zug die Summe ihrer 3 Steine.
Ziel des Spiels ist es, die 3 Steine auf einer Diagonale im Gewinnbereich zu platzieren. Der Gewinnbereich umfasst die vier mittleren Zeilen (siehe Spielplan). Karin und Simon dürfen während des Spiels je 3-mal vom Gegner verlangen, dass im nächsten Zug ein störender Spielstein bewegt werden muss.

Beispiel:

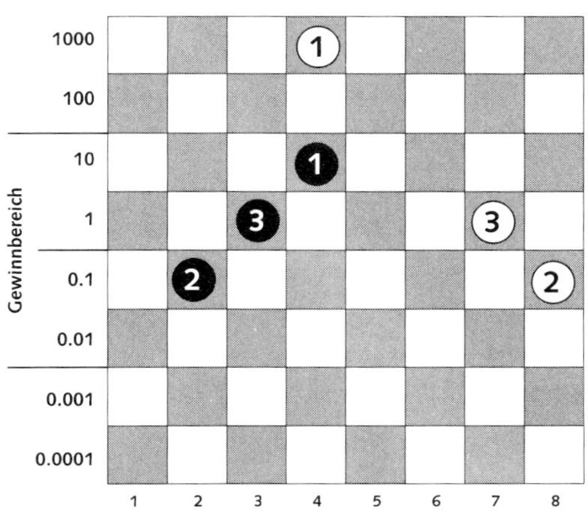

Endstellung

○ 4007.8

● 43.2 (hat das Spiel gewonnen)

Varianten

- Etwas schwieriger wird das Ganze, wenn man die Gewinnstellungen einschränkt. Etwa auf Diagonalen im Gewinnbereich auf den schwarzen Feldern. Oder: einer der Steine muss auf 40, 4, 0.4 oder 0.04 liegen.
- Mit 4 Spielsteinen spielen.

Zahlenschieben: Spielplan

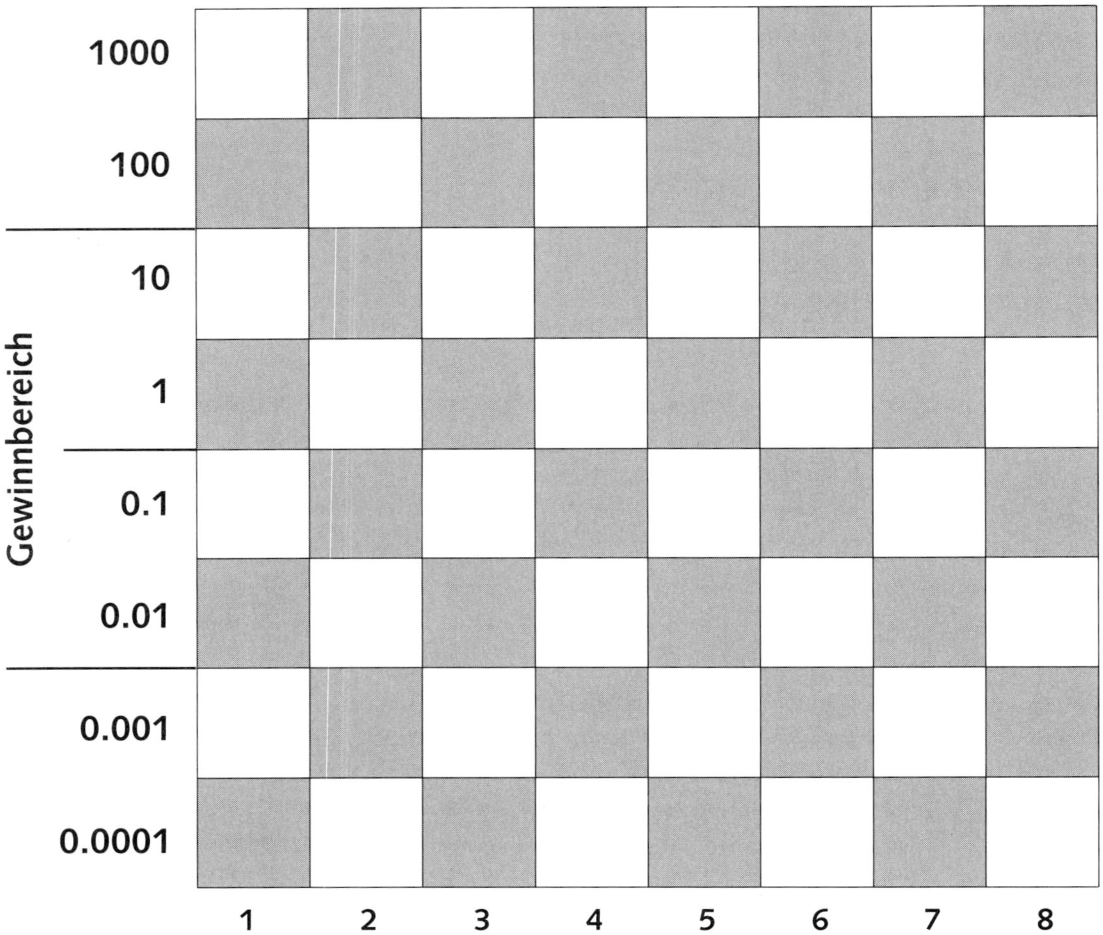

Runde	Summe A	Summe B
1		
2		
3		
4		
5		
6		
7		
8		

Klassen	6	7	8	9	10

2 Spielerinnen und Spieler

Grundoperationen in der Menge $\mathbb{Q}^+$

Ausbremsen

Material

- Pro Spielerin oder Spieler ein Kartenset und 12 Operationszeichen (Kopiervorlage)

Lernziel

- Operationen mit rationalen Zahlen mündlich oder halbschriftlich ausführen
- Strategien entwickeln («ausbremsen»)

Spielziel

Möglichst alle 12 Spielrunden fehlerfrei im vorgegebenem Zahlenraum rechnen

Spielregeln

Das Spiel geht über 12 Runden.
In jeder Spielrunde tauschen die Spielerinnen und Spieler je ein Kärtchen aus. Beide beginnen mit der Zahl 10. Man wählt ein Operationszeichen, das auf dem Kärtchen zur Verfügung steht und führt die Rechnung mit der Kärtchenzahl aus. Die Resultate dürfen nicht kleiner als 1 und nicht größer als 100 werden. Muss jemand diesen Zahlenraum verlassen, ist das Spiel für sie oder ihn verloren. Zwischenresultate werden wenn nötig auf eine Stelle nach dem Komma gerundet. Für jede Runde wird das Zwischenresultat der letzten Rechnung verwendet. Kontrolliert wird gegenseitig.

Beispiel eines Rechnungsprotokolls:

$10 \cdot 0.25 = 2.5$	**$2.5 - 0.1 = 2.4$**	**$2.4 + 20 = 22.4$**
0.25 (– · :)	**0.1** (– · :)	**20** (+ :)
$22.4 \cdot 2.5 = 56$	**$56 : 50 = 1.12$** →	$1.1 - 0.2 =$ (0.9)
2.5 (+ : ·)	**50** (+ :)	**0.2** (– ·)

Varianten

- Die Aufgaben können dem Niveau der Klasse angepasst werden. Einfacher wird das Spiel, wenn man den erlaubten Zahlenraum vergrößert. Umgekehrt wird das Spiel schwieriger, wenn der Zahlenraum verkleinert wird.
- Die Schülerinnen und Schüler selbst ein solches Spiel herstellen lassen.

1. Kartenset

5 + − :	10 + − · :	2 · :	0.5 + − :	4 + : ·
0.2 − ·	2.5 + : ·	0.25 − · :	3 + − ·	20 + :
8 − ·	25 · :	1.5 − ·	50 + :	40 − ·
0.4 + ·	16 + :	2.2 + ·	0.1 − · :	0.05 + ·

2. Kartenset

5 + − :	10 + − · :	2 · :	0.5 + − :	4 + : ·
0.2 − ·	2.5 + : ·	0.25 − · :	3 + − ·	20 + :
8 − ·	25 · :	1.5 − ·	50 + :	40 − ·
0.4 + ·	16 + :	2.2 + ·	0.1 − · :	0.05 + ·

Klassen	5	6	7	8	9

2–4 Spielerinnen und Spieler

Zahlenraum rationale Zahlen, Größenordnung

Zahlenwirrwarr

Material

- Pro Spielgruppe 1 Spielplan und 36 Zahlenkärtchen (Kopiervorlagen)

Lernziel

- Das Stellenwertsystem spielerisch erfahren
- Spielstrategien entwickeln

Spielziel

Zahlen gemäß den 4 Vorgaben auf den Spielplan legen

Spielregeln

Die Spielerinnen und Spieler setzen sich auf je eine Seite des Spielplans. Die 36 Kärtchen werden gemischt und verdeckt auf den Tisch gelegt. Die Spielerinnen und Spieler nehmen der Reihe nach je ein Kärtchen auf und legen es im Spielplan ab. Die Kärtchen dürfen so gedreht werden, dass die Ziffer oder der Dezimalpunkt möglichst gut ins Konzept passt. Es werden Kärtchen gezogen, bis alle 25 Spielfelder abgedeckt sind.
Die Spielerinnen und Spieler notieren sich dann ihre 5 Zahlen aus ihrer jeweiligen «Blickrichtung». Enthält eine Zahl mehr als ein Komma (Dezimalpunkt), wird nur das erste Komma gelesen. Daraufhin wird ermittelt, wer
- die größte Zahl,
- die kleinste Zahl,
- die Zahl möglichst nahe bei 1 und
- die Zahl möglichst nahe bei 100 erzielt hat.

Für jede Gewinnzahl wird ein Spielpunkt vergeben.

Beispiel:

Größte Zahl: 86 912
  Gewinnpunkt an C

Kleinste Zahl: .0701
  Gewinnpunkt an D

Zahl am nächsten bei 1:
  0.5535
  Gewinnpunkt an A

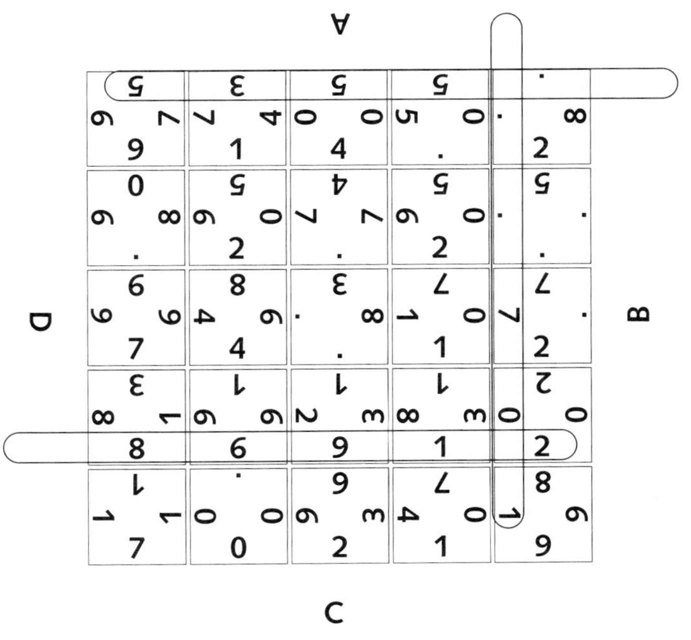

Varianten

- Noch mehr Spaß macht das Spiel zu viert, wenn A und C gegen B und D spielen. Es wird dann jeweils zu zweit nach möglichst optimalen Lagen gesucht. Während des Spiels darf diskutiert werden.
- Die Kärtchen werden auf die Mitspielenden verteilt und können in beliebiger Reihenfolge abgelegt werden.

Zahlenwirrwarr: Spielplan

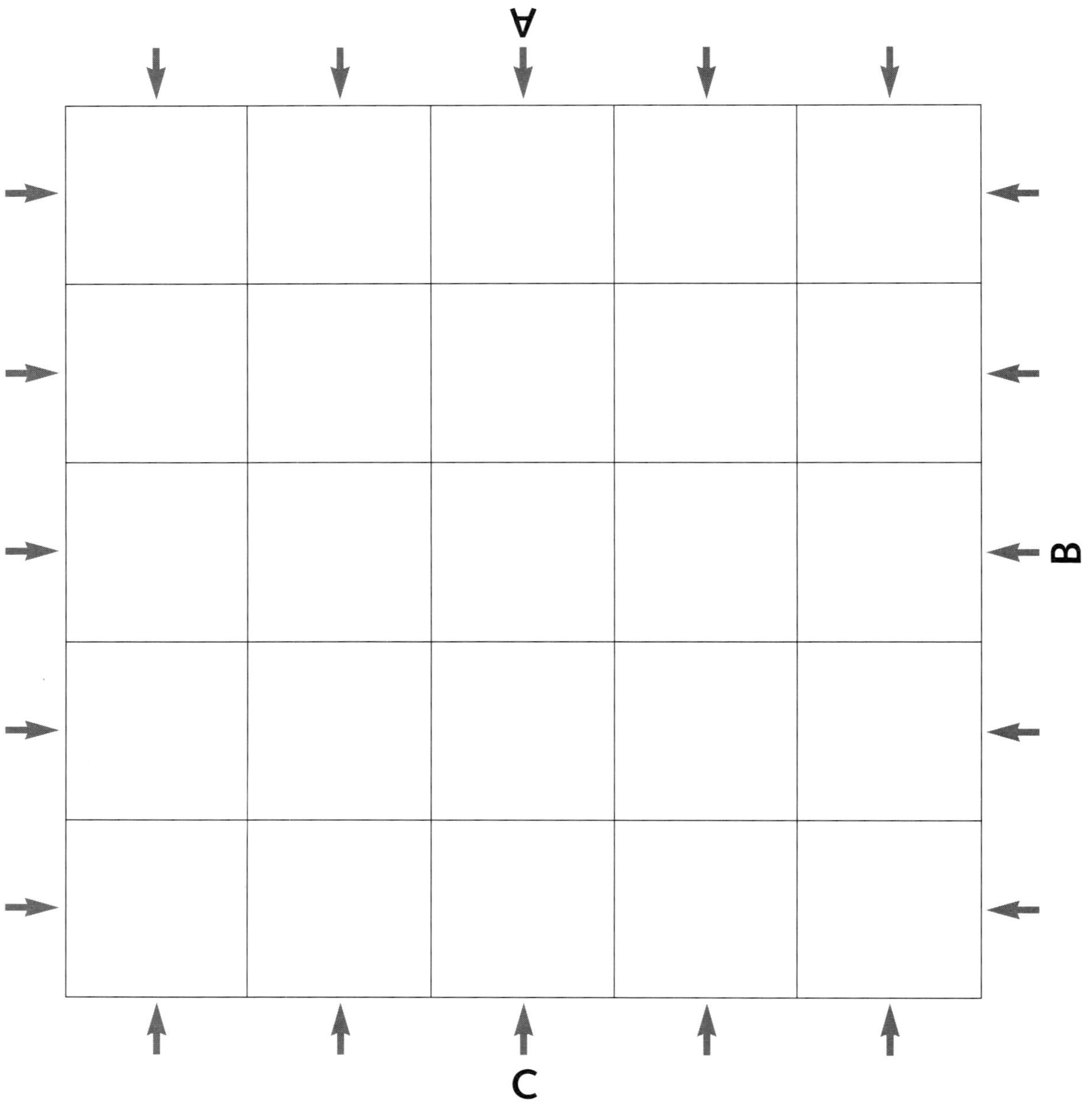

Je 1 Punkt erhält, wer am Schluss des Spiels

- die größte Zahl,
- die kleinste Zahl,
- die Zahl am nächsten bei 1 und
- die Zahl möglichst nahe bei 100 erzielt (gebildet) hat.

Wer zwei oder mehr Kommas (Dezimalpunkte) in einer Reihe hat, darf alle bis auf ein Komma durch eine 0 ersetzen.

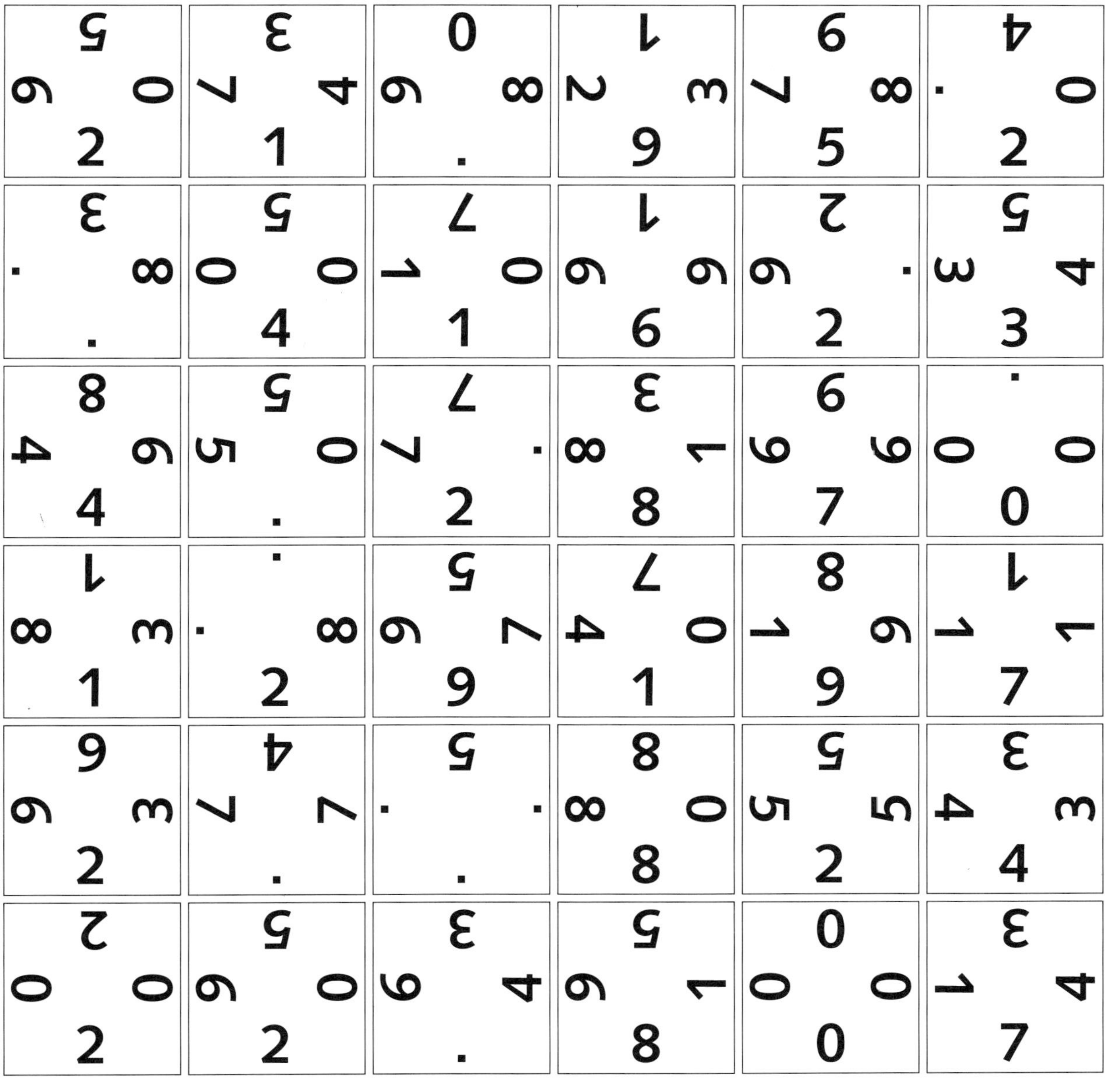

Klassen	6	7	8	9	10

2 Spielerinnen und Spieler

Koordinatensystem

Heiß-lau-kalt

Material

- Kariertes Papier

Lernziel

- Koordinaten exakt benennen und einzeichnen
- Distanzen zwischen Koordinatenpunkten quantifizieren

Spielziel

Den Koordinatenpunkt der Partnerin oder des Partners erraten

Spielregeln

2 Spielerinnen und Spieler zeichnen auf ein kariertes Blatt je das gleiche Koordinatensystem (Größe und Zahlenbereich dem Niveau der Klasse anpassen). Ein quadratisches Spielfeld mit den Eckpunkten (0/0), (0/8), (8/8), (8/0) hat sich als günstig erwiesen. Beide markieren den vom andern zu erratenden Punkt in ihr System und notieren die Koordinaten.
Sandra rät zuerst und tippt auf den Punkt (6|4).
Roger ermittelt die X- und Y-Differenz zum festgelegten Punkt und addiert die beiden Zahlen.

Abweichung	Rückmeldung
$8 < \text{Differenz}$	kalt
$4 < \text{Differenz} \leq 8$	lau
$2 < \text{Differenz} \leq 4$	warm
$1 \leq \text{Differenz} \leq 2$	heiß

Sandra und Roger wechseln sich mit ihren Rateversuchen gegenseitig ab, bis Sandra oder Roger den Punkt des Partners bzw. der Partnerin errät.

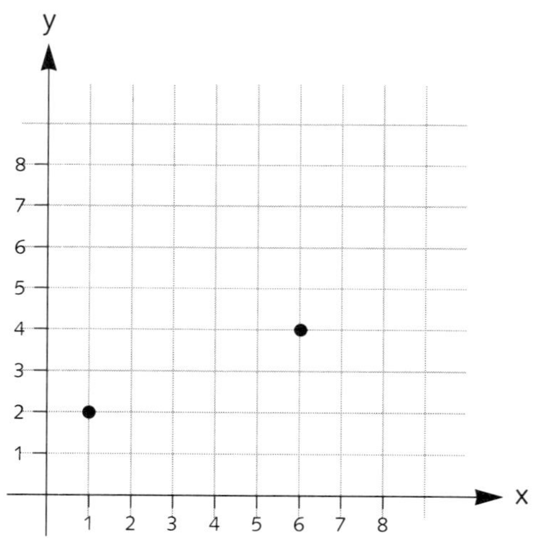

Beispiel:
gesetzter Punkt: (1/2)
Tip: (6/4)
Koordinaten-Differenzen: 5 und 2
Summe der Differenzen: 7
Rückmeldung: lau

Sandra rät zuerst und tippt auf den Punkt (6/4).
Roger hat für sie den Punkt (1/2) eingezeichnet. Er bestimmt nun die beiden (positiven) Koordinaten-Differenzen. Die beiden Werte addiert er und gibt die entsprechende Meldung bekannt.

Varianten

- Falls die Klasse unterfordert ist, lohnt es sich, die beiden Achsen in Schritten zu 0.5 oder gar 0.25 Einheiten einzuteilen.

Klassen	6	7	8	9	10

Ganze Klasse

Koordinatensystem, Kongruenzabbildungen

Koordinaten schieben

Material

- Kariertes Papier

Lernziel

- Abbildungen von Punkten richtig beschreiben
- Das Koordinatensystem und Koordinatenpunkte als Elemente mit geometrischen Eigenschaften begreifen

Spielziel

Die Vorschriften richtig interpretieren, einzeichnen und protokollieren.
Den exakten Zielpunkt bestimmen.

Spielregeln

Die Schülerinnen und Schüler zeichnen je ein Koordinatensystem.
Empfehlenswert: x- und y-Abschnitte im Bereich zwischen –6 und +6.
Alle zeichnen nun einen vereinbarten Startpunkt, z.B. (0/0), ein.
Der Reihe nach geben nun die Schülerinnen und Schüler bekannt, welche Operation sie mit dem gegenwärtigen Punkt ausführen wollen. Erlaubt sind Verschiebungen, Drehungen sowie Streckungen.

- Verschiebungen: Angabe in Koordinaten (x/y) oder Himmelsrichtungen. Beispiel: Richtung Nordost um 3 Einheiten.
- Drehungen: um 90°, 180° oder 270°.
- Streckungen: Mit Zentrum (0/0) um die Faktoren 0.25, 0.5, 2 oder 4.

Nach jeder Operation zeichnen die Schülerinnen und Schüler den resultierenden Punkt ein und führen ein Protokoll. Die Lehrperson spielt ebenfalls mit. Sie sollte bei Spielende die Zielkoordinaten kennen. Wer hat am Schluss (nach max. 10 Operationen) alle Abbildungen richtig ausgeführt und kann die Zielkoordinaten richtig angeben?
Wenn ein Befehl den Bereich des festgelegten Koordinatensystems sprengt, wird er ignoriert.
Beispiel eines Protokolls: A(0/0), B(2/5) C(–5/2) D(–6/–4) E(–3/–2)

Beispiel:

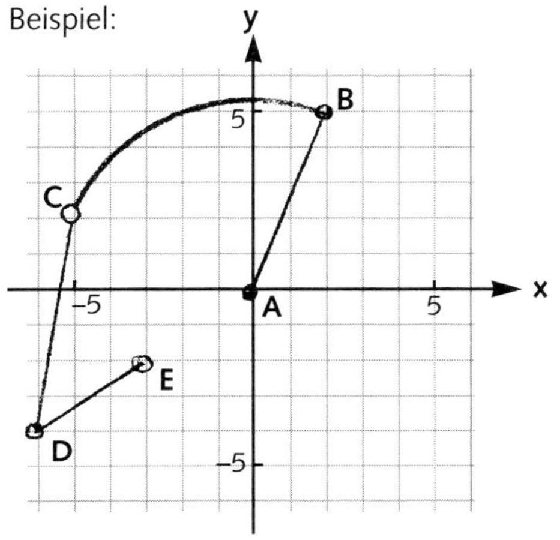

Operation:	neuer Punkt:
	A(0/0) (Start)
Verschiebung (2/5)	B(2/5)
Drehung 90°	C(–5/2)
Verschiebung (–1/–6)	D(–6/–4)
Streckung $\overline{AD}$, 0.5	E(–3/–2)

Varianten

- Die Schülerinnen und Schüler spielen in Gruppen zu 4 oder 5.
- Ein Koordinatensystem mit nur positiven x- und y-Werten verwenden.
- Zusätzlich Spiegelungen an x- und y-Achsen erlauben.

Klassen 6 7 8 9 10

2 Spielerinnen und Spieler

Koordinatensystem

Schiffe versenken

Material

- Kariertes Papier

Lernziel

- Koordinaten richtig angeben und einzeichnen
- Vorstellungsvermögen in Bezug auf das Koordinatensystem entwickeln

Spielziel

Die Schiffe der Gegnerin oder des Gegners «versenken»

Spielregeln

Die Spielerinnen und Spieler zeichnen je zwei identische Koordinatensysteme von ca. 12 auf 12 Einheiten. Das Spiel wird etwas anspruchsvoller, wenn die Koordinatenwerte auch den negativen Bereich umfassen.
Auf die Koordinatenpunkte – nicht etwa auf die Gitterlinien – werden in einem Spielplan eine zuvor vereinbarte Anzahl verschieden großer Schiffe eingezeichnet, die sich nicht berühren dürfen.
Im Koordinatensystem mit der eigenen «Flotte» werden die gegnerischen «Schüsse» protokolliert. Im anderen Koordinatensystem hält man die eigenen «Schüsse» fest.
Jeder gegnerische Schuss wird kommentiert mit «Niete», «Treffer» oder «versenkt», je nach Schussqualität. Wird ein Schiff getroffen oder gar versenkt, darf nochmals geschossen werden – solange, bis ein Schuss «Niete» ist. Es gewinnt, wer zuerst sämtliche Schiffe der Gegnerin oder des Gegners versenkt hat.
Achtung: Im Gegensatz zum herkömmlichen «Schiffchen versenken» wird nicht in die Gitterquadrate, sondern auf die Koordinatenschnittpunkte «geschossen».

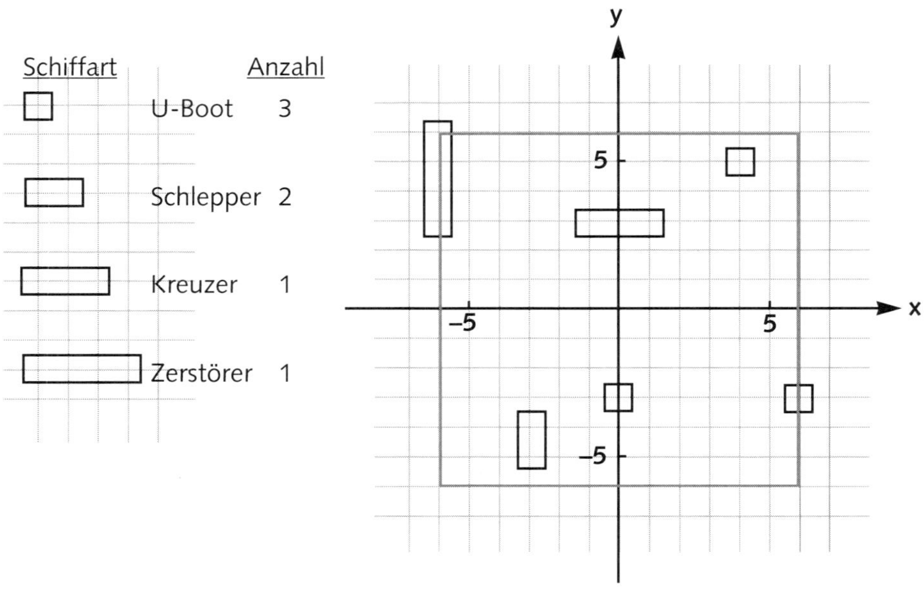

Varianten

- Andere Achsenabschnitte vorgeben.
- Mehr größere Schiffe einzeichnen lassen und auf die U-Boote verzichten. Es lassen sich so klarere Gewinnstrategien entwickeln.

Klassen	6	7	8	9	10

2 Spielerinnen und Spieler

Gleitkommadarstellung

Gleitkomma-Schach

Material

- 1 Spielplan pro Gruppe (Kopiervorlage)
- Für jede Spielerin bzw. jeden Spieler 3 Spielsteine
- Notizmaterial

Lernziel

- Die Gleitkommadarstellung begreifen und anwenden
- Größenvergleiche zwischen Zahlen in Gleitkommadarstellung sicher durchführen können

Spielziel

Die Summe der durch die eigenen Spielsteine besetzten Wertfelder soll 10^{14} überschreiten

Spielregeln

In diesem Spiel wird die Gleitkommadarstellung, die etwa auf dem Taschenrechnerdisplay bei großen Zahlen angezeigt wird, gezielt angewendet. Einige vorgängige Übungen dazu sind auf jeden Fall angebracht. Warum nicht gleich mit dem Taschenrechner?
Die Spielerinnen und Spieler setzen zu Beginn abwechselnd einen ihrer drei Spielsteine auf ein Feld. Ist ein Feld besetzt, darf kein gegnerischer Stein auf ein benachbartes, andersfarbiges Feld gesetzt oder gezogen werden – die diagonal liegenden Felder der gleichen Farbe sind allerdings erlaubt.
Beim Setzen darf die Summe der drei mit Steinen besetzten Felder 10^8 nicht übertreffen. Carola hat im Beispiel unten ihre Steine auf $6 \cdot 10^7$, $2 \cdot 10^7$ und $3 \cdot 10^6$ (Summe = $8.3 \cdot 10^7$) gesetzt.
Nach dem Setzen wird abwechselnd gezogen: Ein Stein um 2 Felder oder zwei Steine um je 1 Feld in horizontaler oder vertikaler (nicht diagonaler) Richtung.
Nach jedem Zug wird die Summe der 3 Spielsteine notiert.
Wer zuerst eine Summe von mindestens 10^{14} erreicht, gewinnt das Spiel.

mögliche Anfangsstellung

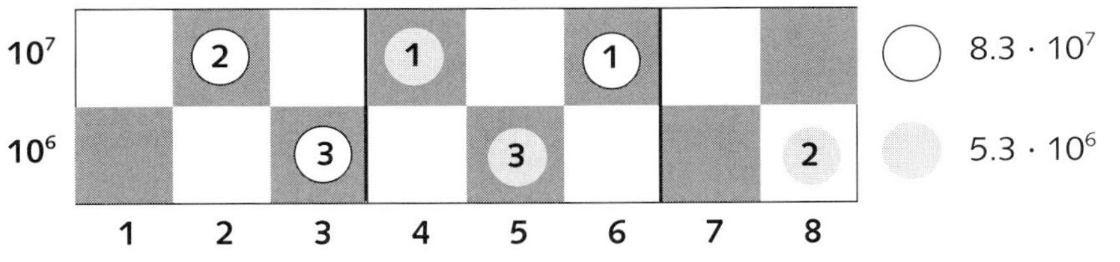

Varianten

- Mit 2 Steinen spielen oder 3 Verschiebungen anstatt nur 2 erlauben.
- Die maximale Setzsumme von 10^8 und die Gewinnsumme von 10^{14} hat sich bewährt. Das Spiel muss sorgfältig eingeführt werden. Mühe macht insbesondere die Tatsache, dass der Rechner die Zahl $3.45 \cdot 10^{18}$ als 3.45 18 schreibt.
- Wer mit dem Setzen beginnen darf, hat einen leichten Vorteil. Deshalb darf die zweite Setzerin bzw. der zweite Setzer mit dem Ziehen der Spielsteine beginnen.
- Evtl. zuerst das Spiel «Zahlenschieben» spielen.

Gleitkomma-Schach: Spielplan

		1	2	3	4	5	6	7	8
Billionen	10^{13}								
	10^{12}								
Milliarden	10^{11}								
	10^{10}								
	10^{9}								
Millionen	10^{8}								
	10^{7}								
	10^{6}								

Runde	Summe A	Summe B
1		
2		
3		
4		
5		
6		
7		
8		
9		

Klassen	5	6	7	8	9

2–5 Spielerinnen und Spieler

Die 4 Grundoperationen

Operationen-Scrabble

Material

- Je Spielgruppe ein Set Zahlenkärtchen (Kopiervorlage)
- Je Spielerin oder Spieler 7 Operationszeichen (Kopiervorlage) und ein Taschenrechner

Lernziel

- Die Grundoperationen richtig darstellen und berechnen (u.a. Punkt-vor-Strich-Regel) können
- Kombinatorische Überlegungen innerhalb des vorgegebenen mathematischen Systems anstellen
- Die Grundoperationen mit dem Taschenrechner durchführen und kontrollieren

Spielziel

Möglichst viele Zahlenkärtchen in Gleichungen verwenden

Spielregeln

Die Zahlenkärtchen werden zu einem Stapel gelegt. Jeder Spieler, jede Spielerin erhält die 7 Operationszeichen und zieht 6 Zahlenkärtchen. Das Ziel besteht darin, mit den 13 Kärtchen eine Gleichung aufzustellen. Mit den Zahlen 2, 2, 4, 7, 8, 0 ließe sich etwa die Gleichung 20 : 4 + 2 = 7 bilden.
Die für die Gleichung benutzten Zahlenkärtchen werden für die nächste Runde durch neue ersetzt. Dies allerdings erst, nachdem mit dem Taschenrechner kontrolliert wurde. Dazu müssen die Tasten in der gleichen Reihenfolge gedrückt werden wie die Kärtchen angeordnet sind. (Prüfen, ob der Rechner die Punkt-vor-Strich-Regel «kennt».)
Die Schülerinnen und Schüler, die in einer Spielrunde keine Gleichung finden, können beliebig viele ihrer Zahlenkärtchen gegen Kärtchen vom Stapel eintauschen. Die Operationszeichen dürfen in jeder Runde erneut benutzt werden.
Wer bei Spielende (z.B. nach 5 Spielrunden oder nachdem der Stapel vollständig aufgebraucht ist) am meisten Kärtchen ablegen konnte, gewinnt das Spiel.

Beispiel:

6 | 3 | 3 | 1 | 0 | 9

\+ | – | · | : | (|) | =

↓

1 · 3 + 9 : 3 = 6

Es dürfen 5 neue Kärtchen gezogen werden.

Varianten

Anstatt Zahlenkärtchen kann man auch 6 Würfel (8er oder 10er) je Schülerin oder Schüler einsetzen.

0	0	0	0	1	1
1	1	2	2	2	2
3	3	3	3	4	4
4	4	5	5	5	5
6.	6.	6.	6.	7	7
7	7	8	8	8	8
9.	9.	9.	9.	1	2

+	−	·	:	(	)	=
+	−	·	:	(	)	=
+	−	·	:	(	)	=
+	−	·	:	(	)	=
+	−	·	:	(	)	=

Algebra-Lotto

Material

- Pro Zweiergruppe ein Spielblatt (Kopiervorlage)

Lernziel

- Zuordnung von Termen zu gleichwertigen, vereinfachten Termen
- Begreifen, dass gleichwertige Terme auf verschiedene Arten formuliert werden können

Spielziel

Die Aufgabenterme auf dem Lottofeld richtig zuordnen

Spielregeln

Die vorgegebenen 30 Aufgaben sollen vereinfacht werden. Die 12 Lottofelder in der unteren Blatthälfte enthalten 12 vereinfachte Terme. Jeder dieser 12 Terme entspricht der Vereinfachung von 2 Aufgaben; 6 Aufgabenterme können also keinem Lösungsterm zugeordnet werden.
Abwechselnd wird eine Aufgabennummer in das entsprechende Lottofeld geschrieben, die Spielpartnerin bzw. der Spielpartner kontrolliert. Ist die Zuordnung falsch, wird die Aufgabennummer im Lottofeld gelöscht.
Es gewinnt, wer in einer Reihe zuerst 3 Felder mit je 2 Lösungsnummern besetzt hat.
Lösungen:

A	B	C	D	E	F	G	H	I	K	L	M
1, 20	25, 8	6, 17	2, 27	18, 28	10, 19	3, 9	16, 23	4, 29	24, 26	12, 30	14, 21

Varianten

- Es ist auch denkbar, den Spielgruppen die Aufgabe zu stellen, selbst Regeln zu entwickeln. In diesem Fall muss aber die Struktur erklärt werden: 12 Resultate mit je 2 Entsprechungen; 6 Aufgaben ohne Resultat auf dem Lottoschein.
- Selbstverständlich ist die Vorlage auch nur als Arbeitsblatt einsetzbar.
- Lotto mit Größen, z.B. Längenmaße.

Algebra-Lotto: Spielblatt

1) $\sqrt{a^6}$	11) $3a^2 - 2a^2$	21) $6a^4 - 2a^4$
2) $3a^4 - a^4$	12) $4a^2 : 8a$	22) $(a + 1)^2$
3) $5a^3 : 5 - a^3$	13) $3a^3 - a$	23) $\sqrt{9a^4}$
4) $(2a^2)^3$	14) $(a \cdot 2a)^2$	24) $a - 4a$
5) $7a^2 : 0$	15) $(4a^2 - 7a^2)$	25) $(5a^3 - 3a^3) : a$
6) $a : 0.5a$	16) $12 \cdot (0.5a)^2$	26) $(a^2 - 4a^2) : a$
7) $a^5 - a$	17) $3a : 1.5a$	27) $a^3 \cdot (a + a)$
8) $a \cdot 4a^2 : 2a$	18) $3a^2 - a - 2a^2$	28) $4a^2 : 4 - 4a^2 : 4a$
9) $a^2 : a - a^2 : a$	19) $5a^2 : 5 : a^2$	29) $4a^5 \cdot 2a$
10) $3a^4 : (2a^4 + a^4)$	20) $\frac{1}{2} a^4 : 0.5a$	30) $\frac{1}{4} a : 0.5$

Jeder Term (A, B, C, ..., M) ist die Vereinfachung zweier Aufgaben.
6 Aufgabenterme können in keine der Lösungen A–M überführt werden.

A a^3 Lösung:	B $2a^2$ Lösung:	C 2 Lösung:
D $2a^4$ Lösung:	E $a^2 - a$ Lösung:	F 1 Lösung:
G 0 Lösung:	H $3a^2$ Lösung:	I $8a^6$ Lösung:
K $-3a$ Lösung:	L $0.5a$ Lösung:	M $4a^4$ Lösung:

Klassen	6	7	8	9	10

2–4 Spielerinnen und Spieler

Buchstaben- und Zahlenterme

Wie groß wird's?

Material

- Termkärtchen (Kopiervorlage)
- 20er Würfel
- Pro Spielgruppe 1 Spielblatt (Kopiervorlage)

Lernziel

- Buchstabenterme richtig und effizient auswerten
- Zusammenhänge zwischen Buchstabentermen und entsprechenden Zahlenfolgen finden

Spielziel

Möglichst viele Buchstabenterme richtig auswerten

Spielregeln

Für dieses Spiel sind viele Organisationsformen denkbar. Ich schlage einen Gruppenwettbewerb mit viel Bewegung im Klassenzimmer vor.
Die Buchstabenterme auf der Kopiervorlage werden vergrößert kopiert, ausgeschnitten und verstreut im Schulzimmer aufgehängt. Jede Gruppe würfelt mit dem 20er Würfel auf einem Pult und markiert die Zahl als Termwert auf ihrem Spielblatt. Es ist nun ein Term zu finden, der für eine Variable a ($a \in \{1, 2, 3, 4, 5, 6\}$) dem gewürfelten Termwert entspricht.
Beispiel: Term D mit a = 2 ergibt 17. Eintrag: D2.
Die Einträge werden nach jeder Runde von der Lehrperson kontrolliert. Für eine richtige Lösung gibt es einen Punkt. Wer passt oder eine falsche Lösung bringt, erhält einen Maluspunkt. Welche Gruppe hat zuerst am meisten Punkte?

Lösungen:

Wert des Terms	Term	Wert des Terms	Term	Wert des Terms	Term	Wert des Terms	Term
1	C2, I2, L1, E1	6	I4, O1	11	A3, C4, D4, N2	16	H4, K4, M2, M4
2	B1, G1	7	G2, N1	12	G3, K3, O3	17	A5, D2, G4, L5
3	F3, I3	8	A2, B2, D5, F4, K2	13	H1, L4, E4	18	B3, M3, O5
4	K1, E3	9	O2, L3	14	A4, D3	19	C5, N4
5	A1, C3, D6, H5, L2	10	I5, M1, M5	15	F5, I6, N3, O4	20	A6, D1, H2, K5

Varianten

- Zwei Schülerinnen und Schüler erhalten eine Kopie der Buchstabenterme und des Spielblattes. Dominik rechnet in der linken, Gabi in der rechten Tabellenhälfte. Beide würfeln mit dem 20er Würfel eine Zahl.
  Wer eher einen entsprechenden Term gefunden hat, notiert ihn und erhält, falls richtig, einen Spielpunkt.
- Kooperativ wird das Spiel mit einem Auftrag wie: «Gelingt es einer Gruppe die Zahlenwerte von 1–20 je mindestens einmal zu erhalten, indem Zahlen zwischen 1 und 6 in die Terme eingesetzt werden dürfen?»
- Das Spiel «Zahlen folgen» basiert auf ähnlichen Überlegungen. Sicher sind auch Mischformen der beiden Spiele möglich.

Term A $3a + 2$	Term B $2a^2$	Term C $a^2 - a - 1$
Term D $23 - 3a$	Term E $(a + 1)^2 - 3a$	Term F $a \cdot (a - 2)$
Term G $5a - 3$	Term H $a \cdot (16 - 3a)$	Term I $\frac{(a - 1) \cdot a}{2}$
Term K $5a - a$	Term L $4a - 3$	Term M $12a - 2a^2$
Term N $4a + 3$	Term O $3 \cdot (a + 1)$	

Wie groß wird's?: Spielblatt

Wert des Terms	Term	Rechnung	Term	Rechnung	P
1					
2					
3					
4					
5					
6					
7					
8					
9					
10					
11					
12					
13					
14					
15					
16					
17					
18					
19					
20					

Klassen	6	7	8	9	10

Klasse in 2–4 Gruppen aufgeteilt

Termumformungen

Algebra-Puzzle

Material

- Pro Gruppe (je nach Spielanlage pro Spielerin oder Spieler) 1 Satz Puzzlekärtchen, evtl. auf Folie für Spiel im Klassenverband (Overheadprojektor)

Lernziel

- Umwandeln von Termen festigen und spielerisch üben
- Dank vorgegebener Resultate auch eher schwierige Aufgaben lösen können

Spielziel

Pro Gruppe wird versucht, möglichst viele Kärtchen loszuwerden

Spielregeln

Alle Kärtchen enthalten oben einen Aufgabenterm und unten einen Resultatterm.
Jede Gruppe markiert ihre Spielkärtchen mit einer vereinbarten Farbe, damit später geprüft werden kann, welche Gruppe welche Kärtchen gelöst hat. Dann werden die Kärtchen an die Spielerinnen und Spieler verteilt.
Die Spielleitung legt zu Beginn ein beliebiges Kärtchen auf den Overheadprojektor. Die Schülerinnen und Schüler prüfen, ob sie einen Resultatterm auf einem der ihnen zugeteilten Kärtchen finden, der dem vorgegebenen Aufgabenterm entspricht. Wer eines findet, legt es als neue Aufgabe auf den Projektor. Andere Kärtchen mit dem gleichen Resultat können – zumindest in dieser Spielrunde – nicht abgegeben werden. Welche Gruppe wird die meisten (alle) Kärtchen los?

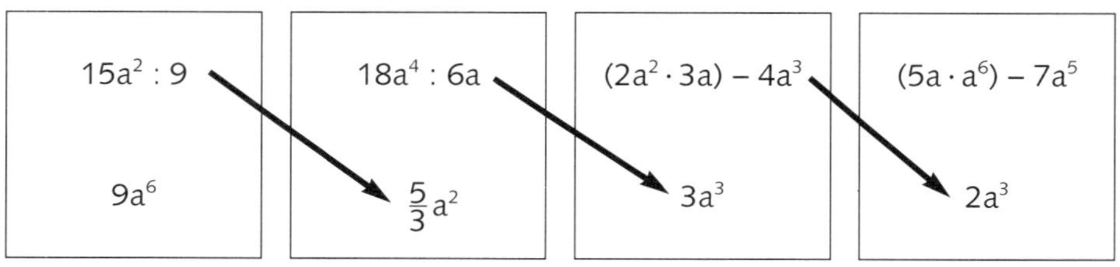

Alle schauen nach, ob eines ihrer Kärtchen das Resultat enthält.

Varianten

- Pfiffiger wird das Ganze, wenn gleiche Resultate auf der Vorlage mehrmals vorkommen. Allerdings kann dann das Spiel in einer Sackgasse enden.
- Das Spiel kann auch als Gruppenpuzzle gespielt werden. Zur Kontrolle werden die Puzzleteile auf ein Bild kopiert, oder auf die einzelnen Kärtchen wird je ein Buchstabe eines Lösungswortes geschrieben.
- Nur einen Teil der Puzzle-Kärtchen verwenden.

$15a^2 : 9$ $9a^6$	$18a^4 : 6a$ $\frac{5}{3} a^2$	$(2a^2 \cdot 3a) - 4a^3$ $3a^3$	$(5a \cdot a^6) + 7a^5$ $2a^3$
$a^4 + a^5$ $5a^7 + 7a^5$	$a^4 \cdot a^5$ verschiedene Potenzen kann man nicht addieren	$(a + 3) \cdot a$ a^9	$16a^6 : 8a^2$ Klammerterm bleibt so
$(9a^9 - 8a^9) : a$ $2a^4$	$15a^4 - 10a^3 + 12a^3 - 10a^4$ a^8	$18a^4 : 6a^2$ $5a^4 + 2a^3$	$8a^7 : (2 \cdot 4a)$ $3a^2$
$9a^2 : 9$ a^6	$18a^4 : 6a$ a^2	$(2a \cdot 3a^2) - 5a^3$ $3a^3$	$(6a^3 : 2a^2) : 0$ a^3
$(6a^3 : 2a^2) : 6$ Division unmöglich	$2a^3 + a \cdot 2a^2$ $\frac{1}{2} a$	$2a^3 - 4a^7$ $4a^3$	$11a^{10} - a^{10}$ verschiedene Potenzen kann man nicht subtrahieren
$5a^5 : 0.5a^5$ $10a^{10}$	$a - a : a$ 10	$(a - a) : a$ $a - 1$	$10a^4 : 20a^2$ 0
$8a^4 : 8a^4 + a : a$ $\frac{1}{2} a^2$	$4a^4 + 3a^2 \cdot a^2$ 2	$16a^4 : (4a^2 \cdot a)$ $7a^4$	$2a \cdot a^2 + 2a^2 \cdot a$ $4a$
$12a^4 : 3$ $4a^3$	$(3a^3)^2$ $4a^4$		

$3(e-f)-2(e-f)$ $1:f$	$3(e+f)-(e+f)$ $e-f$	$5(e^2+ef):e$ $2(e+f)$	$3(e-f)-4(e-f)$ $5(e+f)$
$3(e+f)\cdot 2(e+f)$ $(f-e)$	$3(e-f)\cdot -(f-e)$ $6(e+f)^2$	$\frac{(e-f)^2}{2}$ $3(e-f)^2$	$8(e+f)^3:4(e+f)$ $\frac{1}{2}(e-f)^2$
$6(e+f)-3(e+f)$ $2(e+f)^2$	$(e+f)^2-3(e+f)$ $3(e+f)$	$6(e+f)-6$ $(e+f)(e+f-3)$	$5(e^2+f)-5e^2$ $6(e+f-1)$
$4f(f-1)+4e(1-e)$ $5f$	$3(e-f)^6:(e-f)^3$ $4(e-e^2+f^2-f)$	$(e+f)^3+3(e+f)^3$ $3(e-f)^3$	$9(e+f)^8:9(e+f)^2$ $4(e+f)^3$
$[2(e+f)]^2$ $(e+f)^6$	$(6e-6f)^2$ $4(e+f)^2$	$(e-f)-2(-e+f)$ $36(e-f)^2$	$-(-e-f)\cdot 2$ $3e-3f$
$-5(e-f)+4(e-f)$ $2(e+f)$	$6e^2+6f^2+12ef$ $(f-e)$	$2(-e+f)\cdot -2(e-f)$ $6(e+f)^2$	$[6(e-f)]^2:12$ $4(f-e)^2$
$9(e+f)^3:3(e+f)^2$ $3(e-f)^2$	$10(e+f)\cdot \frac{1}{5}(e+f)$ $3(e+f)$	$6(e^2-f)^3:2$ $2(e+f)^2$	$4(e+f)-4e$ $3(e^2-f)^3$
$\sqrt{(e+f)^2}$ $4f$	$\sqrt{(e-f)^2}$ $e+f$	$e^2-e^3:e$ $e-f$	$4e:4ef$ 0

$99 \cdot 101$ keine sinnvolle Lösung	$(x + y)^2$ $10\,000 - 1$	$(x + 2y)^2$ $x^2 + 2xy + y^2$	$\sqrt{x^2 + 2xy^2 + y^4}$ $x^2 + 4xy + 4y^2$
$(2x + 3y)^2$ $x + y^2$	$98 \cdot 102$ $4x^2 + 12xy + 9y^2$	$(2x + 2y)^2$ $10\,000 - 4$	$101 \cdot 101$ $4x^2 + 8xy + 4y^2$
$(x + y)(x - y)$ $10\,000 + 200 + 1$	$(-2x - y)^2$ $x^2 - y^2$	$99 \cdot 99$ $4x^2 + 4xy + y^2$	$(2x - 2y)^2$ $10\,000 - 200 + 1$
$\sqrt{x^2 - 2xy^2 + y^4}$ $4x^2 - 8xy + 4y^2$	$95 \cdot 105$ $x - y^2$	$\sqrt{x^2 - 2xy + y^2}$ $10\,000 - 25$	$91 \cdot 91$ $x - y$
$(x + 2y)(x - 2y)$ $8\,100 + 180 + 1$	$(x + y)(x - y)$ $x^2 - 4y^2$	$(x - y)^2$ $x^2 - y^2$	$(x - 2y)(-x - 2y)$ $x^2 - 2xy + y^2$
$(x - y)(x - 2y)$ $-x^2 + 4y^2$	$(x^2 + 1)(x^2 - 1)$ $x^2 - 3xy + 2y^2$	$(2x - 3y)^2$ $x^2 - 1$	$(-x - y)(x - y)$ $4x^2 - 12xy + 9y^2$
$(x + 1)^2$ $-x^2 + y^2$	$\sqrt{x^2 + 2xy + y^2}$ $x^2 + 2x + 1$	$(x^2 + 1)(x^2 - 2)$ $x + y$	$103 \cdot 103$ $x^4 - x^2 - 2$
$(x^2 - 2)^2$ $10\,000 + 600 + 9$	$96 \cdot 104$ $x^4 - 4x^2 + 4$	$(2x^2 + y)(2x^2 - y)$ $10\,000 - 16$	$\sqrt{x^2 + 4xy + 4y}$ $4x^4 - y^2$

Klassen	6	7	8	9	10

2–4 Spielerinnen und Spieler

Zahlenraum rationale Zahlen / Körper

Eigenschafts-Domino

Material

- Dominokarten (Kopiervorlagen 1 und 2)

Lernziel

- Einer Zahl (einem Körper) eine bestimmte Eigenschaft zuordnen
- Merken, welche Zahlen (Körper) über eher exklusive Eigenschaften verfügen

Spielziel

Alle Dominokärtchen richtig ablegen

Spielregeln

Die 24 Dominokärtchen werden ausgeschnitten und auf die Spielerinnen und Spieler verteilt. Eine Spielerin oder ein Spieler beginnt und legt eines der Kärtchen. Dann wird reihum gespielt. Wer keine passende Karte ablegen kann, muss passen. Alle kontrollieren jeweils die Zuordnungen. Falsche Karten müssen jeweils zurückgenommen werden. Wird ein Zug innerhalb der Spielgruppe als falsch erkannt, muss die Spielerin oder der Spieler das nicht korrekt gelegte Kärtchen zurücknehmen. In der Regel gibt es zu einer Vorschrift mehr als eine entsprechende Zahl, die angefügt werden kann. Es ist nicht immer möglich, alle Kärtchen abzulegen.
Bemerkung: Die Karten sind auf den beiden Kopiervorlagen so angeordnet, dass «passende» Aussagen aufeinander folgen.

Beispiel:

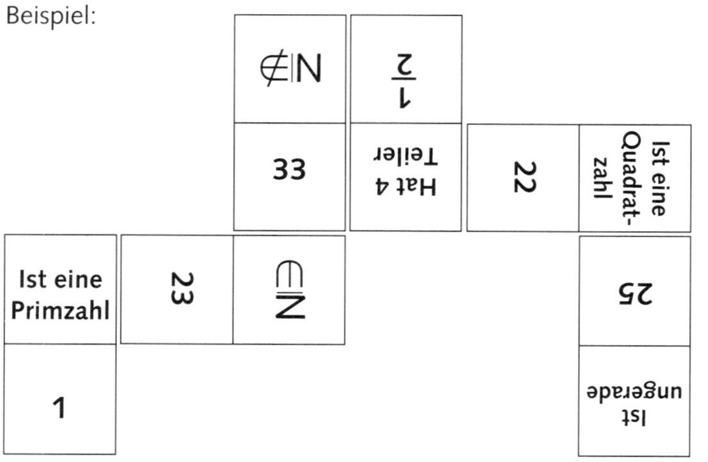

Varianten

- Zusätzliche Fragen stellen: Wer findet die Vorschrift mit den meisten entsprechenden Zahlen (Körpern); welche Zahlen (Körper) passen nur zu einer Vorschrift usw.
- Wem es gelingt, mit einer Karte 2 Aussagen zu bilden (im Beispiel auf dieser Seite die Zahl 33 mit Karte 4), erhält dafür 2 Punkte.

Eigenschafts-Domino: Eigenschaften von Zahlen

Ist eine Primzahl	$\in \mathbb{N}$	$\notin \mathbb{N}$	Hat 4 Teiler	Ist eine Quadratzahl
1	23	33	$\frac{1}{2}$	22
Ist ungerade	Ist ein gemeiner Bruch	Ist kleiner als Null	x ($x \neq 0$) mit dieser Zahl multipliziert wird kleiner als x	Hat mehr als 8 Teiler
25	43	$\frac{2}{3}$	–23	$\frac{1}{4}$
Durch diese Zahl darf man nicht teilen	3 gehört zur Teilermenge dieser Zahl	$\in \mathbb{Z}$	$\notin \mathbb{Z}$	Ist ein Vielfaches zweier Primzahlen
60	0	2631	–102	0.75
Diese Zahl besteht aus 3 Wertziffern	Diese Zahl geteilt durch sich selbst ergibt 1	Das Doppelte dieser Zahl ist grösser als die Zahl selbst	Hat als Dezimalbruch dargestellt 1 Stelle nach dem Komma	Die beiden (natürlichen) Nachbarzahlen sind Primzahlen
77	231	17.5	77	$\frac{7}{10}$
Hat eine durch 9 teilbare Quersumme	Ist das nächste Folgenglied von 1, 3, 7, 15, …	Ist kleiner als $\frac{1}{10}$	Erfüllt die Gleichung $x \cdot x = x$	
42	63	31	$\frac{1}{11}$	

Eigenschafts-Domino: Eigenschaften von Körpern

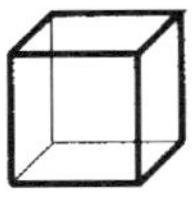 Würfel	 quadratische Pyramide	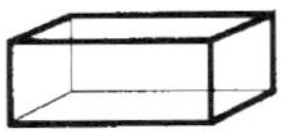 Quader	 Zylinder	 Kegel
Die Abwicklung besteht aus 5 Flächen	Alle Kanten sind gleich lang	Die Abwicklung besteht aus 3 Flächen	Verhält sich zu Würfel wie Rechteck zu Quadrat	Ist kein Prisma
 Kugel	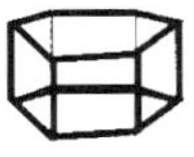 beliebiges Prisma	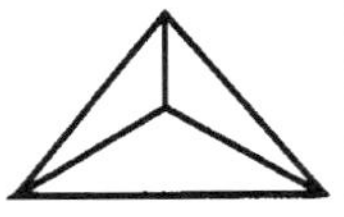 Tetraeder	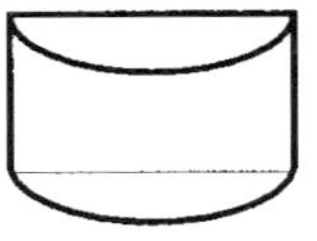 Halbzylinder	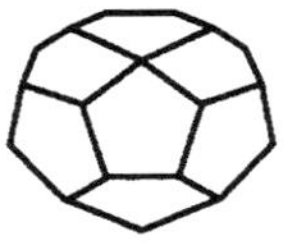 Dodekaeder
Der Mantel ist ein Kreissektor	Kann man nicht auf eine Ebene abwickeln	Volumen berechnet sich mit Grundfläche · Höhe	Volumen berechnet sich mit Grundfläche · Höhe : 3	V wächst um das 4-fache, wenn r verdoppelt wird
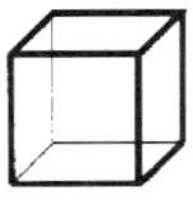 Würfel	 quadratische Pyramide	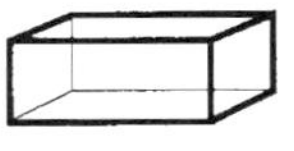 Quader	 Zylinder	 Kegel
Volumen lässt sich für uns nicht berechnen	Das Volumen ist die 3. Potenz der Seitenlänge	Man benötigt für V und den Mantel 2 verschiedene Höhen	Jeder Winkel zwischen Kanten ist ein rechter	Das Volumen ist 3-mal grösser als ein einbeschriebener Kegel
 Kugel	 beliebiges Prisma	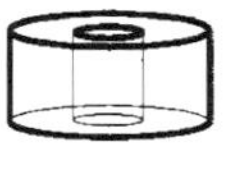 Hohlzylinder	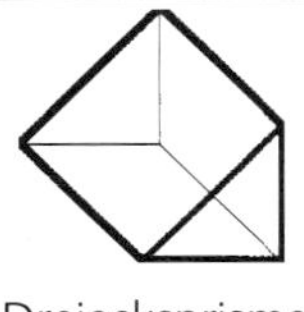 Dreiecksprisma	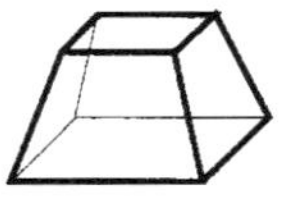 Pyramidenstumpf
Der Mantel besteht aus 4 Trapezen	Berührt alle 6 Seiten eines Würfels mit s = d	Die Abwicklung besteht aus 3 Flächen	Zur Berechnung von V muss man 3 Längen kennen	Zwei solche Prismen ergeben einen Quader

Pythagoräische Grüße

Material

Pro Spielgruppe

- 1 Kopiervorlage (Beispiel)
- 1 unliniertes Blatt Papier (A4)
- 1 Geodreieck

Lernziel

- Zu einem gegebenen Dreieck beliebig viele ähnliche Dreiecke berechnen und zeichnen
- Ähnlichkeit und Satz des Pythagoras von einer ganz neuen Seite angehen

Spielziel

Aufgrund der Vorgaben möglichst viele pythagoräische Dreiecke aneinander zeichnen

Spielregeln

Anja und Martin zeichnen als Ausgangsfigur gemeinsam die Dreiecke A und B (vgl. Kopiervorlage).
Anja beginnt, indem sie eine der 4 vorhandenen «freien» Dreieckseiten wählt. Die Seite wird in einem neuen Dreieck entweder Kathete oder Hypotenuse sein. Das neue Dreieck muss zu A oder zu B ähnlich sein, d.h., seine Seiten stehen im Verhältnis 3 : 4 : 5 oder 5 : 12 : 13.
Meistens gibt es über einer Seite mehrere Möglichkeiten. Bedingung ist, dass das neue Dreieck vollständig auf dem Blatt Platz hat, dass die Seitenlängen auf ganze Millimeter angegeben werden und dass keine Seite kleiner als 1 cm lang ist. Der rechte Winkel sowie die Maße sollen eingetragen werden.
Dann versucht Martin, unter den gleichen Bedingungen ein weiteres pythagoräisches Dreieck einzuzeichnen. Für sein Dreieck darf er natürlich auch die beiden neu hinzugekommenen Seiten von Anja benutzen.
Die beiden wechseln sich mit dem Zeichnen von Dreiecken ab. Wer das letzte Dreieck zeichnen kann, gewinnt das Spiel.

Varianten

- Als kooperatives Spiel im Sinn eines Arbeitsauftrages lösen lassen. Welcher Gruppe gelingt es, möglichst viele Dreiecke nach den genannten Regeln zu zeichnen?

Pythagoräische Grüße: Beispiel

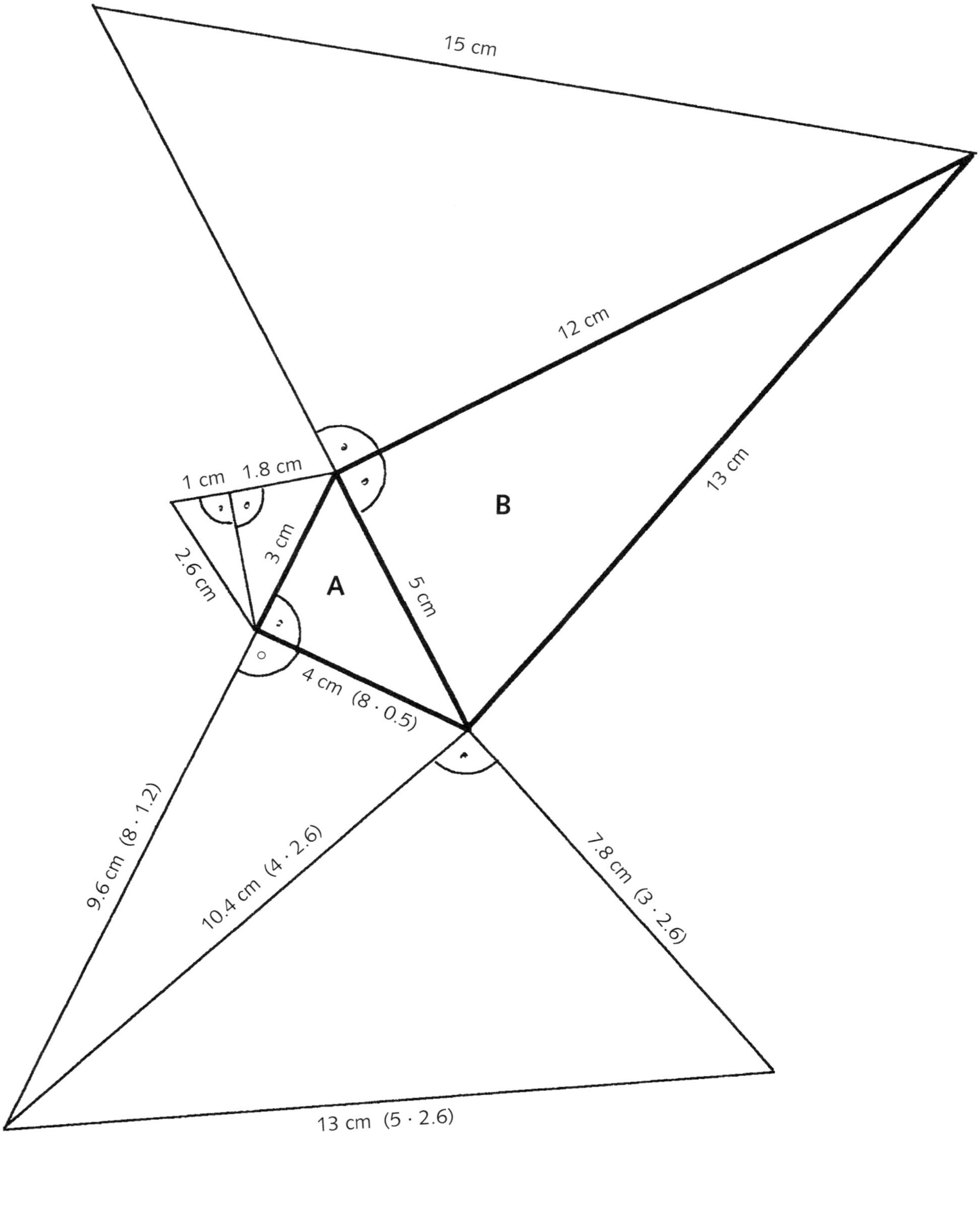

Flächenraub

Material

- Spielblatt (Kopiervorlage für Kreislehre), A3-Blatt für Vielecke
- Zirkel, Geo-Dreieck, verschiedene Farbstifte
- Aufgabenkärtchen (Kopiervorlagen)

Lernziel

- Begriffe richtig anwenden
- Verschiedene Lösungsmöglichkeiten gegenseitig abwägen
- Flächengrößen abschätzen und Spielstrategien entwickeln

Spielziel

Aufgaben richtig lösen und dabei möglichst große Flächen «erobern»

Spielregeln

Die Spielerinnen und Spieler ziehen abwechselnd ein Aufgabenkärtchen. Die Aufgabe ist auf dem Spielblatt einzuzeichnen bzw. zu konstruieren. Jeder Spieler und jede Spielerin verwendet eine eigene Farbe.
Es wird gegenseitig kontrolliert, ob richtig gezeichnet worden ist.
Zusätzlich gilt es, eine möglichst große Fläche zu «erobern». Die Flächen werden ebenfalls mit Farben markiert. Bereits markierte Flächen dürfen in einem späteren Spielzug nicht von der Mitspielerin oder vom Mitspieler ummarkiert werden. Am Schluss werden die Flächen entweder durch Abschätzen oder durch Ausmessen verglichen. Es gewinnt, wer insgesamt größere Flächenteile markieren konnte.

Beispiel Kreislehre:

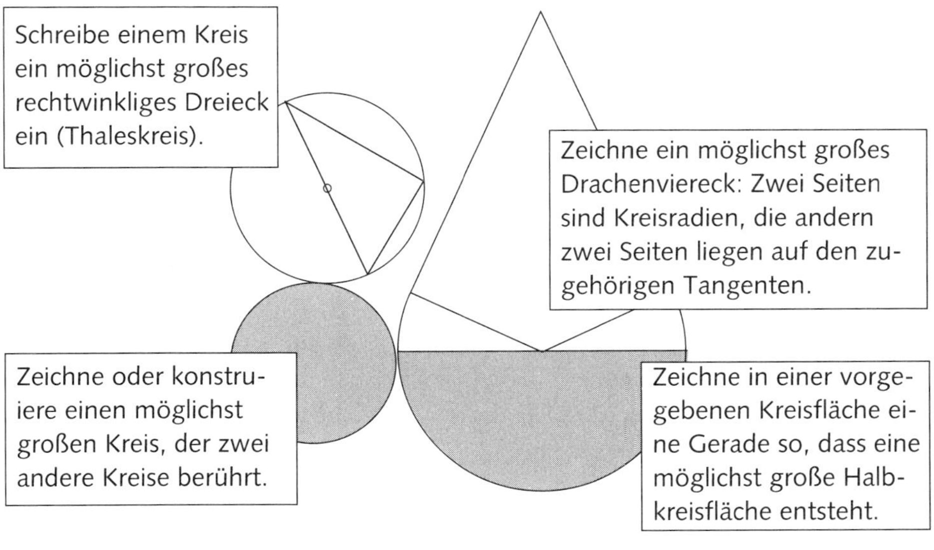

Varianten

- Die Schülerinnen und Schüler entwickeln eigene Aufgabenkärtchen.
- Das Ausmessen der Flächeninhalte als Hausaufgabe lösen lassen.
- Spielblatt selber zeichnen.

Zeichne in einer vorgegebenen Kreisfläche eine Gerade so, dass eine möglichst große Halbkreisfläche entsteht.	Zeichne (oder konstruiere) einen möglichst großen Kreis, der zwei andere Kreise berührt.	Ergänze eine bestehende Kreislinie zu einem möglichst großen Kreisring, der eine Breite von 1 cm hat.	Trenne mit einer Sehne (Länge = 4 cm) ein möglichst großes Kreissegment ab. Markiere die Segmentfläche mit deiner Farbe.
Zeichne in einem Kreis zwei Radien ein, dass ein möglichst großer Kreissektor mit einem Zentriwinkel von 90° entsteht.	Schreibe einem Kreis ein möglichst großes rechtwinkliges Dreieck ein (Thaleskreis).	Zeichne ein möglichst großes Drachenviereck: Zwei Seiten sind Kreisradien, die anderen zwei Seiten liegen auf den zugehörigen Tangenten.	Zeichne einen möglichst großen Kreis, der zwei andere Kreise berührt.
Zeichne ein möglichst großes Dreieck: aus der Geraden durch einen Durchmesser, einem Radius und der zugehörigen Tangente.	Zeichne einen möglichst großen Kreisringsektor: Der Zentriwinkel ist kleiner als 180° und die Ringbreite beträgt 2 cm.	Zeichne in einen Kreis ein gleichschenkliges Dreieck: Eine Ecke liegt in der Mitte, die anderen beiden auf der Peripherie.	Zeichne einen Kreis, der keine anderen Kreise berührt, und schreibe dem Kreis ein Quadrat ein.

Zu Beginn wird ein Quadrat sowie ein das Quadrat nicht berührendes Rechteck beliebiger Größe und Lage auf einem A3-Blatt gezeichnet.

Eine vorhandene Viereckseite wird Seite eines neuen Drachenvierecks. Die längeren Seiten sind 2 cm länger als die kürzeren.	Du sollst mit höchstens einer Strecke ein rechtwinkliges Dreieck abgrenzen.	Suche 3 Strecken (die du verlängern kannst) und zeichne eine vierte Strecke so, dass ein Parallelogramm entsteht.	Benütze eine vorhandene Strecke und zeichne ein gleichseitiges Dreieck.
Verbinde 2 bestehende Eckpunkte, konstruiere die Mittelsenkrechte auf diese Strecke und miss darauf 6 cm ab. Verbinde die vier Punkte zu einem Viereck.	Zeichne ein Quadrat mit einer Fläche von höchstens 10 cm^2.	Grenze mit einer einzigen Strecke ein möglichst großes Dreieck ab.	Benütze eine vorhandene Strecke als Rechteckseite. Das Rechteck soll eine Fläche von genau 15 cm^2 haben.
Zeichne einen Rhombus. Die Diagonalen sind zusammen 16 cm lang.	Füge einem gegebenen Winkel zwei weitere Seiten an, so dass ein nicht konvexes Viereck entsteht.	Zeichne ein Viereck mit einem Umfang von höchstens 20 cm.	Zeichne ein gleichschenkliges Trapez. Benutze dazu eine vorhandene Strecke. Die anderen Strecken sind 4 oder 5 cm lang.

Flächenraub: Spielblatt

Alle Flächen sind mit der eigenen Farbe zu markieren.

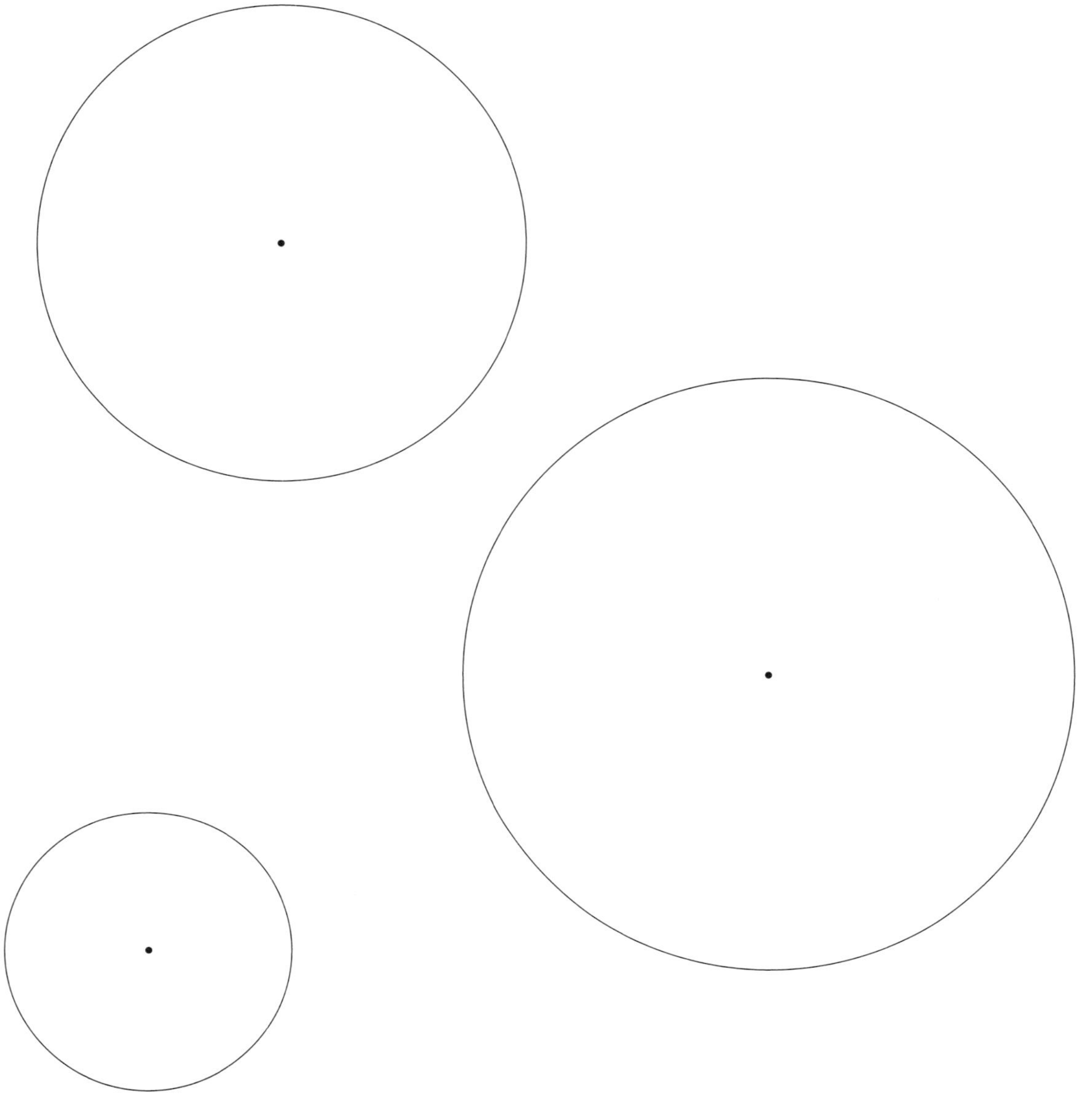

Gravissimo

Material

- Je Spielgruppe oder Klasse ein Set Begriffe (Kopiervorlagen)

Lernziel

- Begriffe und deren Bedeutung wiederholen
- Begriffe zeichnerisch darstellen

Spielziel

Begriffe richtig darstellen und erraten

Spielregeln

Das Spiel eignet sich ausgezeichnet zur Wiederholung geometrischer Begriffe. Die Begriffe sind so gewählt, dass sich ihre Eigenschaften zeichnerisch darstellen lassen. Die Klasse wird in 2 Gruppen aufgeteilt und gruppenweise vor einer Wandtafelfläche versammelt. Die Lehrperson bestimmt aus jeder Gruppe je eine Zeichnerin oder einen Zeichner, die sich den darzustellenden Begriff zeigen lassen. Beide versuchen nun, den Begriff an der Wandtafel mit rein zeichnerischen Mitteln zu erklären (Symbole sind erlaubt). Die übrigen Spielerinnen und Spieler der Gruppe suchen nach dem entsprechenden Begriff, den sie an die Tafel schreiben. Die Gruppe, die zuerst (oder nach einer gewissen Zeit) die (orthographisch) richtige Lösung präsentiert, erhält ein Spielpunkt.
Die «akustische» Variante von Gravissimo artet schnell zu einer Schreierei aus. Sie scheint mir nur bei wirklich schwierigen Begriffen sinnvoll.

Varianten

- Das Spiel in 4er-Gruppen spielen lassen. In diesem Fall spielen je 2 Schüler und Schülerinnen gegeneinander. Die Begriffe sind auf Zettelchen kopiert. Je ein Gruppenmitglied zieht einen Zettel und stellt den Begriff dar. Der Begriff darf hier natürlich mündlich erraten werden.
- Die Liste der Begriffe erweitern.
- Dasselbe Spiel lässt sich auch mit algebraischen bzw. arithmetischen Begriffen wie Potenz, Summe, Nenner, Stammbruch usw. durchführen.

Punkt	Halbgerade (Strahl)	Ornament
parallel	Strecke	Rechteck
Länge	Kreis	Gerade
Symmetrieachse	Quadratmeter	rechtwinklig
Mittelpunkt	Umfang	Kante
Durchmesser	Würfel	Quader
Zylinder	Radius	Quadrat
Rhombus	Prisma	Oberfläche
Winkel	Basis	Scheitel

Hypotenuse	Kathete	Thaleskreis
gleichseitig	kongruent	Rotation
ähnlich	Punktspiegelung	Translation
Tangente	Winkelhalbierende	konzentrisch
Drachenviereck	Berührungsradius	Tetraeder
Pyramide	Pyramidenstumpf	Abwicklung
Sehne	Sekante	Bogen
Kreisring	Ellipse	Schnittpunkt
Trapez	60°	Kreissektor

Klassen	5	6	7	8	9

2 Spielerinnen und Spieler

Ebene Figuren

Formensuche

Material

- Kariertes Blatt, pro Spielgruppe ein 20er Würfel (oder Kartenspiel)

Lernziel

- Beziehungen zwischen Flächeninhalt und Umfang von Figuren sehen
- Umfangberechnung ebener Figuren optimieren
- Gedankliche Beweglichkeit fördern

Spielziel

Möglichst viele Figuren mit den gewürfelten Vorgaben zeichnen

Spielregeln

Der Einfachheit halber gehen wir in diesem Spiel davon aus, dass ein Karo des Spielblattes einem Einheitsquadrat entspricht. Gesucht sind Figuren, deren Begrenzungslinien auf den Karolinien verlaufen. Demzufolge sind nur rechte Winkel möglich.
Die beiden Spielerinnen oder Spieler würfeln je mit einem 20er Würfel (oder ziehen aus einem Kartenspiel, etwa «Elferraus», eine Zahl). Die kleinere der gewürfelten Zahlen wird verdoppelt und entspricht dem Umfang, die größere Zahl dem Inhalt einer zu zeichnenden Figur. Wer zuerst eine Figur mit diesen Vorgaben zeichnen kann, erhält einen Punkt. Selbstverständlich führen nicht alle Vorgaben zu ganzzahligen Lösungen. Beispielsweise gibt es keine Figur mit $U = 2 \cdot 2 = 4$ und Fläche = 3. In einem solchen Fall kann sich die Spielgruppe darauf einigen, erneut zu würfeln. Es gewinnt, wer bei Spielende mehr Figuren gezeichnet hat.

Beispiel 1:
Gewürfelte Zahlen: 7 und 8
Umfang = 14 (Längeneinheiten)
Fläche = 8 (Flächeneinheiten)

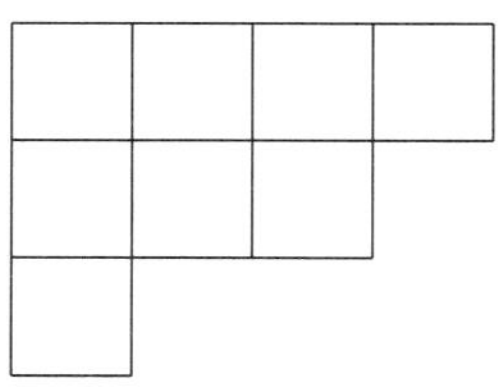

Beispiel 2:
Gewürfelte Zahlen: 10 und 14
Umfang = 20 (Längeneinheiten)
Fläche = 14 (Flächeneinheiten)

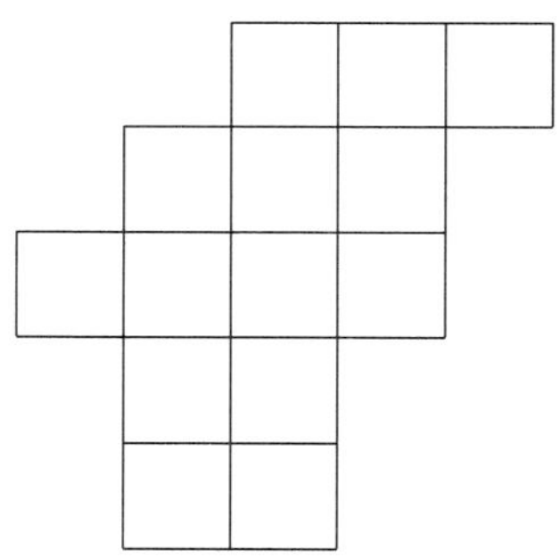

Varianten

- Das Spiel kann natürlich auch mit der ganzen Klasse durchgeführt werden, indem man sie in mehrere Gruppen aufteilt und die Vorgaben (Würfe) zusammen bestimmt. Die Spielpunkte werden dann jeweils jener Gruppe zugewiesen, die als Erste eine Lösung (z.B. an die Wandtafel) gezeichnet hat.

Kubus

Material

- Je Spielgruppe 1 Set Würfelflächen und 1 Arbeitsblatt (Kopiervorlagen)

Lernziel

- Die isometrische Darstellung kennen und anwenden
- Das Skizzieren von Würfelkombinationen üben
- Räumliches Vorstellungsvermögen entwickeln

Spielziel

Viele verschiedene Würfelkombinationen bilden und skizzieren

Spielregeln

Mit den ausgeschnittenen Würfelflächen sind Körper «aufzubauen». Dabei sind mindestens 10 Flächen zu verwenden. Die Schülerinnen und Schüler überlegen sich, wie viele Würfel mit 10, 11, 12, ... Teilen darstellbar sind. Die Lösungen werden im Arbeitsblatt eingetragen und skizziert.
Beispiele möglicher Zusatzaufgaben:

- Wer findet die Darstellung mit dem höchsten Ausnutzungs-Quotienten?
- Wer findet möglichst viele verschiedene Würfelkombinationen mit zwölf Flächen?
- Wem gelingt es, möglichst viele Würfel so zu «verstecken», dass sie vollständig verdeckt sind?
- Wie viele Quader (Prismen) ergeben sich, wenn man gelegte Figuren in Quader (Prismen) zerlegen will?

Beispiel:
7 Würfel aus 12 Flächen
Ausnutzungsquotient: $\frac{7}{12}$

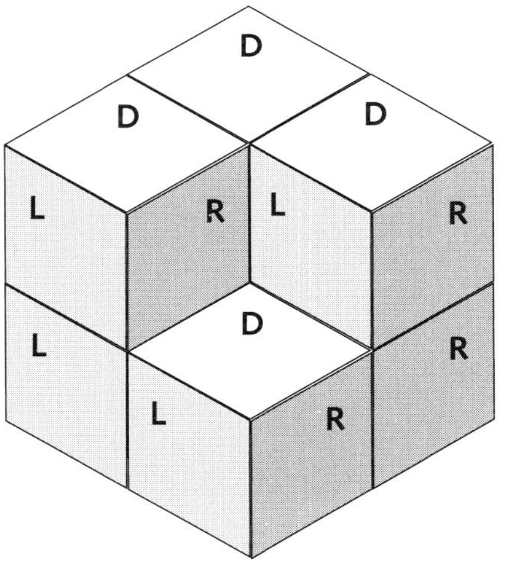

Varianten

- Das Spiel lässt sich auch hervorragend am Computer spielen. In einer Vorlage werden die 3 Flächen gezeichnet und je ein Dutzend Mal dupliziert. Benötigte Flächen können so einfach vom «Flächenstapel» weggezogen werden.
- Konkrete Aufgaben erteilen. Beispiel: Wer am schnellsten mit 12 Teilen 8 Würfel baut, erhält einen Spielpunkt.

Kubus: Würfelflächen

Kubus: Arbeitsblatt

benötigte Flächen	Anzahl dargestellter Würfel	Skizze Nr.	benötigte Flächen	Anzahl dargestellter Würfel	Skizze Nr.
10			11		
12			13		
14			15		
16			17		
18			19		
20			21		

Klassen	6	7	8	9	10

2–3 Spielerinnen und Spieler

Kongruenzabbildungen

Dreiecksvariationen

Material

- Spielmarken und Farbstift (je Spielerin und Spieler eine unterschiedliche Farbe) und 1 Würfel
- Pro Spielgruppe ein Spielblatt (Kopiervorlage)

Lernziel

- Kongruenzabbildungen verknüpfen und erkennen
- Begreifen, dass sich kongruente Figuren mittels verschiedener Verknüpfungsabfolgen ineinander überführen lassen

Spielziel

Möglichst viele Dreieckswinkel mit der eigenen Farbe bemalen

Spielregeln

Auf dem Spielblatt sind kongruente Dreiecke so angeordnet, dass sie sich mittels Kongruenzabbildungen* ineinander überführen lassen.
Die Spielerinnen und Spieler setzen ihre Spielmarken auf das «Start»-Dreieck und würfeln der Reihe nach. Wird eine Abbildung gefunden, die der gewürfelten Zahl entspricht, darf die Spielmarke auf dieses Bilddreieck verschoben werden. In diesem Dreieck darf nun ein Winkel mit der eigenen Farbe bemalt werden, sofern noch nicht alle drei Winkel mit Farbe markiert sind.

Beispiel:

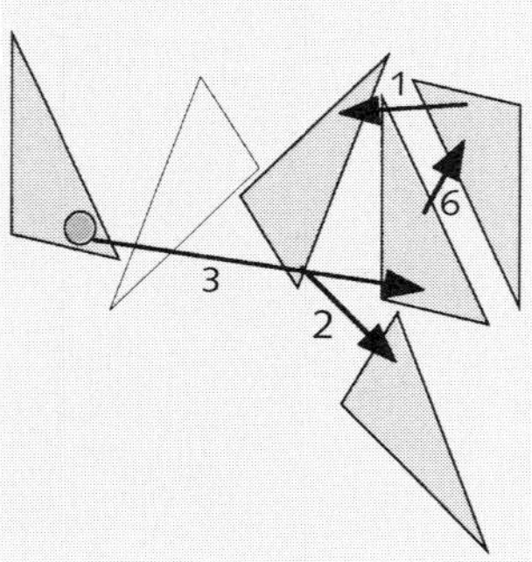

Bedeutung der Augenzahlen:

Augen	Kongruenzabbildungen*
1	Drehung um 45° oder um 135° im Gegenuhrzeigersinn
2	Drehung um 90°
3	Translation
4	Spiegelung an vertikaler Achse (und evtl. anschließende Translation zur Lagekorrektur)
5	Spiegelung an horizontaler Achse (und evtl.anschließende Translation zur Lagekorrektur, siehe letzte Abbildung im Beispiel)
6	Punktspiegelung

Wer nach 12 (20) Würfen am meisten Dreieckswinkel bemalen konnte, gewinnt das Spiel.
Achtung: Gewisse Spielzüge führen in eine Sackgasse. Das Glück spielt mit!

Varianten

- Die Schülerinnen und Schüler stellen ein ähnliches Spiel mit einem Viereck (kein Rhombus) und dem Computer her.
- Wem gelingt es, eine Abfolge von Kongruenzabbildungen zu definieren und dabei alle Dreiecke genau einmal anzusteuern?

Dreiecksvariationen: Spielplan

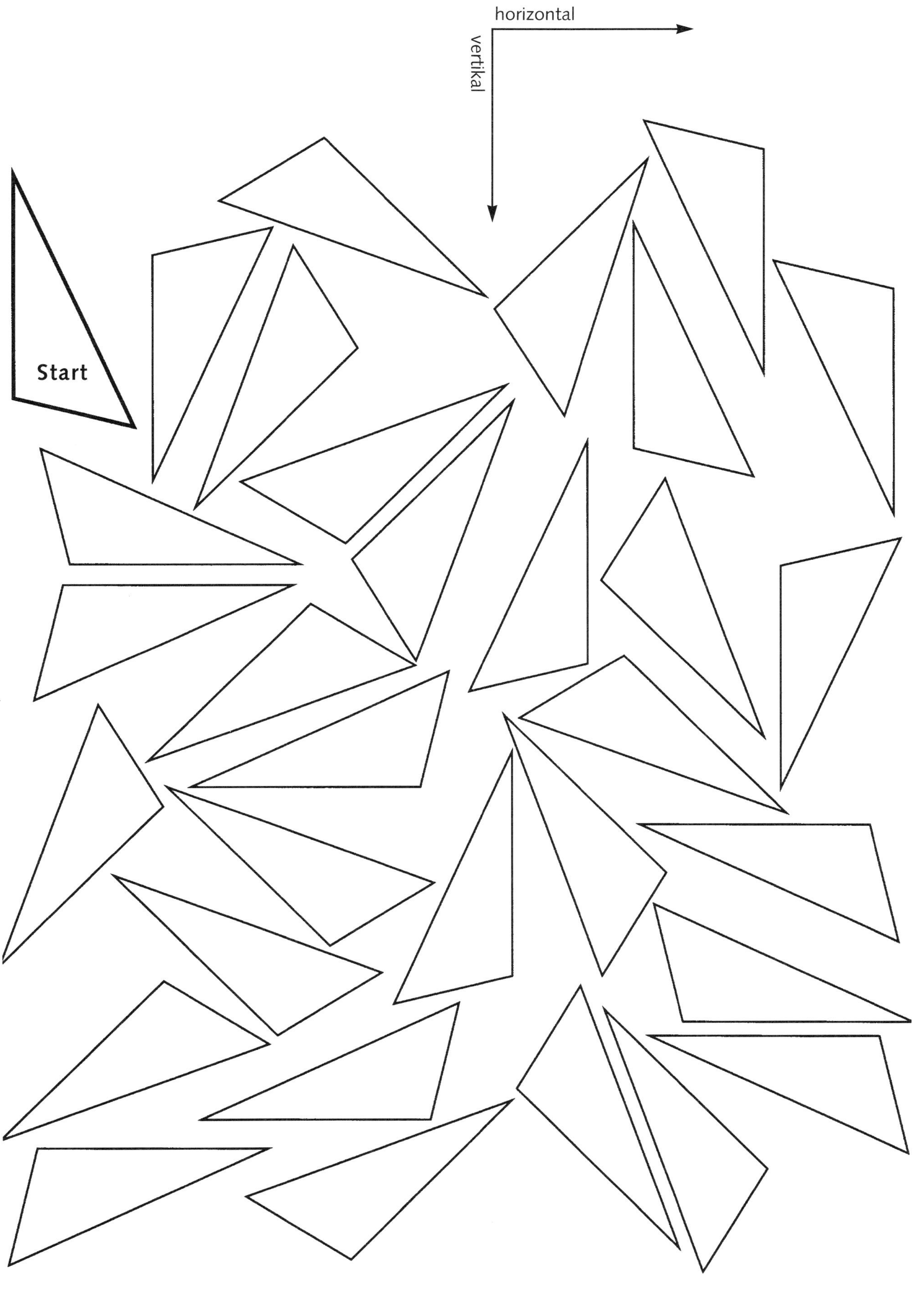

Klassen	6	7	8	9	10

2 Spielerinnen und Spieler

Winkelgrößen

Winkeln

Material

- Je Spielgruppe ein Geodreieck, ein Spielplan (Kopiervorlage), Farbstifte
- 2 Würfel

Lernziel

- Winkelgrößen richtig schätzen und zeichnen
- Winkelgrößen messen

Spielziel

Möglichst viele Winkel mit vorgegebener Größe einzeichnen

Spielregeln

Jasmin und Marcel arbeiten zusammen auf einem Spielplan mit den Punkten (A–P) und der bereits eingezeichneten Strecke. Jasmin beginnt das Spiel. Sie würfelt mit zwei Würfeln, multipliziert die Augenzahlen und multipliziert das Produkt mit 5. (Beispiel: Sie wirft 3 und 4 $\Rightarrow 3 \cdot 4 \cdot 5 = 60$)
Jasmin muss nun eine Strecke zeichnen, die folgende zwei Bedingungen erfüllt:

1. Die Strecke schließt mit der vorgegebenen Strecke einen Winkel von (möglichst genau) 60° ein.
2. Ein Endpunkt liegt auf der vorgegebenen Gerade (zu Beginn also A, Q oder L), der andere Endpunkt ist ein beliebiger, bereits auf dem Spielplan eingezeichneter Punkt.

Marcel misst den Winkel mit dem Geodreieck nach. Ist die Abweichung weniger als 5° (oder 10°), wird der Winkel mit Jasmins Farbe eingefärbt und seine Größe angeschrieben. Ist die Abweichung größer als 5° wird der Winkel nicht eingefärbt. Er ist in diesem Fall zwar eingezeichnet, «gehört» aber niemandem.
Die Rollen werden jetzt vertauscht: Marcel würfelt und zeichnet, Jasmin kontrolliert.
Jeder eingefärbte Winkel ergibt nach Spielschluss einen Punkt. Wer färbt mehr Winkel ein?

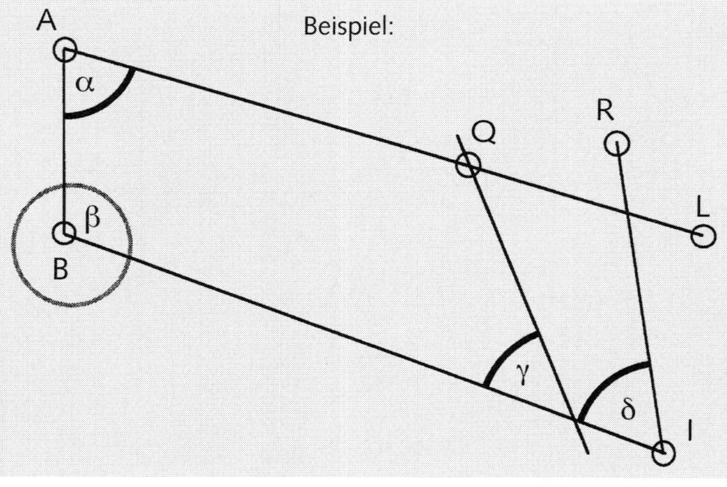

Beispiel:

Gewürfelte Augenzahlen:

3 und 5	$\Rightarrow$	$\alpha = 75°$
4 und 6	$\Rightarrow$	$\beta = 120°$ *
3 und 3	$\Rightarrow$	$\gamma = 45°$
2 und 6	$\Rightarrow$	$\delta = 60°$

* Der gemessene Winkel ist 110°, die Abweichung also größer als 5°

Varianten

- Die Größe der Winkel auf andere Arten ermitteln.
- Ohne vorgegebenen Punkteraster spielen.

Winkeln: Spielplan

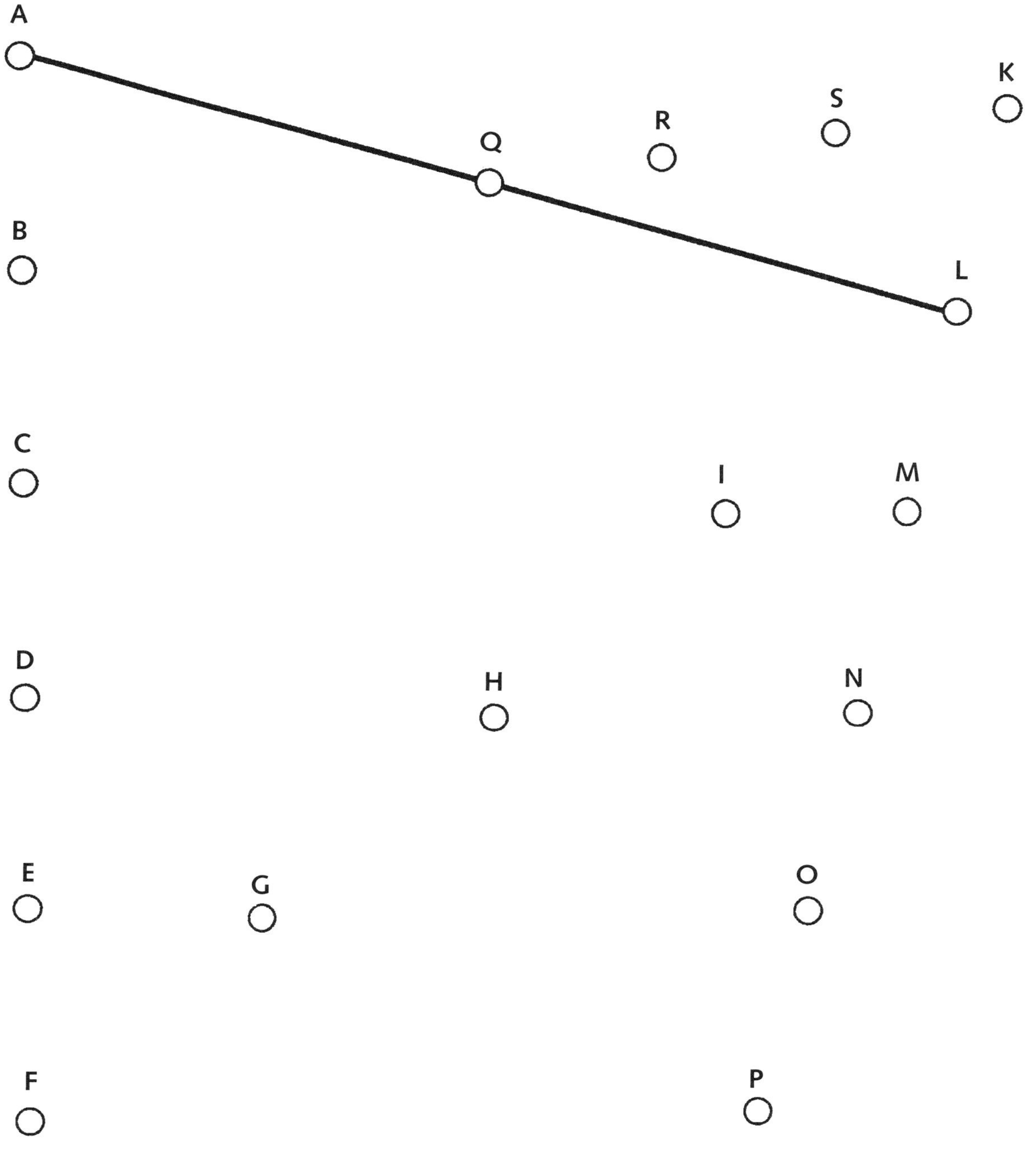

Klassen	6	7	8	9	10

Ganze Klasse

Flächenberechnung von Vielecken

Grundstück abstecken

Material

- 2 Würfel
- Spielregeln (Kopiervorlage)
- Pro Spielerin und Spieler je ein Blatt Papier, A3-Format
- Maßstab und Zirkel

Lernziel

- Flächen von Vielecken berechnen
- Figuren nach Vorgaben korrekt zeichnen
- Kombinatorische Überlegungen einfließen lassen

Spielziel

In 6 Spielrunden schrittweise eine möglichst große Fläche aufbauen

Spielregeln

In jeder Runde muss nach der entsprechenden Anweisung ein Vieleck gezeichnet bzw. an die bestehende Figur angefügt werden.
Mit geschickten Überlegungen und etwas Glück ist eine möglichst große Fläche zu zeichnen. Der Flächeninhalt wird jedesmal berechnet und eingetragen.
Die genauen Vorgaben stehen auf der Kopiervorlage. Ich empfehle, davon eine Folienkopie anzufertigen, um die Vorgaben der Klasse auch zeigen zu können (Overheadprojektor).

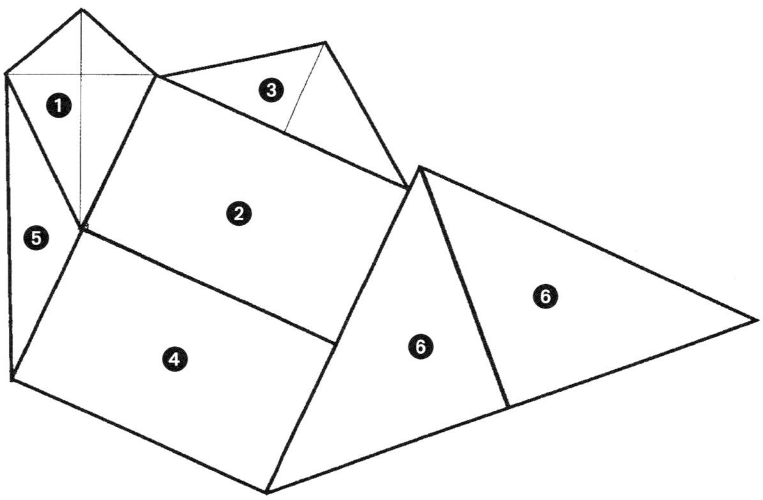

Gewürfelte Augenzahlen:		Fläche:
❶ 3 und 2	⇒	3 cm²
❷ 5 und 1	⇒	8.5 cm²
❸ 4 und 2	⇒	2.4 cm²
❹ 5 und 2	⇒	8 cm²
❺ nicht gew.	⇒	2 cm²
❻ 3, 2 und 1	⇒	6 cm² verdoppelt, da gleichschenklig

Varianten

- Das Spiel zu zweit spielen. Gerade in Klassen mit schwächeren Schülerinnen und Schülern scheint mir diese Variante angezeigt.
- In ähnlicher Weise ließe sich mit Körpern bauen. Dazu würde sich die isometrische Darstellung auf Dreieckpapier eignen (Niveau: ab 9. Klasse).

Grundstück abstecken

Spielregeln

- Jede Spielrunde enthält eine Aufgabe mit einer Figur, die gezeichnet werden muss. Die Figuren jeder Runde müssen an die bereits bestehenden gefügt werden (vorhandene Seiten werden gebraucht, um neue Seiten zu zeichnen).
- In jeder Figur werden die Eckpunkte sowie die für die Flächenberechnung notwendigen Strecken gemessen und bezeichnet (z.B. mit a = 6 cm).
- Die Flächenangabe jeder Figur wird ebenfalls eingetragen. Sie wird immer auf ganze cm^2 gerundet.
- Die gesamte Figur darf nie mehr als 10 Ecken aufweisen!
- Wer eine falsche Figur zeichnet oder wer die Bedingung der 10 Ecken nicht einhalten kann, darf in der entsprechenden Spielrunde seine Figur nicht ergänzen bzw. muss sie löschen.
- Es gewinnt, wer am Schluss die größte Fläche gezeichnet hat.

Spielrunden

1. Würfle mit 2 Würfeln. Zeichne ein Drachenviereck, dessen Diagonalen-Maßzahlen den gewürfelten Augenzahlen entsprechen.
   (Die Diagonalen stehen rechtwinklig aufeinander und schneiden sich nicht in der Mitte. Sonst ergibt sich ein spezielles Drachenviereck, nämlich ein Rhombus.)
2. Würfle mit 2 Würfeln. Addiere die gewürfelten Augenzahlen und verdopple die Summe. Die so berechnete Zahl ist jetzt die Maßzahl für den Umfang eines Rechtecks, das du an das Drachenviereck anfügst.
3. Würfle mit 2 Würfeln. Addiere die gewürfelten Augenzahlen. Diese Zahl entspricht der Summe der Maßzahlen von a und h_a.
   Zeichne ein gleichschenkliges Dreieck mit a (Grundseite) und h_a (Höhe auf a). Gut wäre, wenn eine Dreieckseite mit einer Rechteckseite zusammenfällt.
4. Würfle mit 2 Würfeln. Wenn du Einer gewürfelt hast, darfst du nochmals (mit 1 oder 2 Würfeln) würfeln. Zerlege die gewürfelte Augensumme in 3 Summanden und multipliziere sie miteinander. (Beispiel: $7 = 2 + 1 + 4$, Produkt: $2 \cdot 1 \cdot 4 = 8$)
   Zeichne ein Rechteck, dessen Flächen-Maßzahl diesem Produkt entspricht.
5. Wenn sich die Figur mit einer Strecke so ergänzen lässt, dass eine Ecke eliminiert wird, kannst du diese Strecke einzeichnen. Berechne den Inhalt der neuen Teilfläche und trage das Maß ein.
   (Falls dein Vieleck nicht konvex war, musst du diese Runde überspringen.)
6. Diesmal musst du ein rechtwinkliges Dreieck mit vorgegebener Flächen-Maßzahl zeichnen.
   Du kannst wählen zwischen:
   - 3-mal würfeln und Augenzahlen addieren,
   - 1-mal würfeln und Augenzahl quadrieren,
   - Zahl 12.

   Füge ein rechtwinkliges Dreieck mit der nun feststehenden Fläche an.
   Wem es gelingt, das Dreieck gleichschenklig (= halbes Quadrat) zu zeichnen, darf das Dreieck nochmals anfügen.

Klassen	6	7	8	9	10

2–4 Spielerinnen und Spieler

Eigenschaften von Polygonen

Figurenmemory

Material

- Pro Spielgruppe ein Satz Memorykärtchen

Lernziel

- Eigenschaften von ebenen Figuren reflektieren
- Feststellen, dass sich nicht alle Figuren gleich gut beschreiben lassen

Spielziel

Möglichst viele passende Kärtchenpaare ziehen

Spielregeln

Es wird mit einer beliebigen Anzahl Kärtchen gespielt, wobei geometrische Figuren wie Quadrat oder Rechteck sowie auch einige Eigenschaften von Figuren auf mehr als einem Kärtchen anzutreffen sind. Die Figurenkärtchen und Eigenschaftskärtchen werden getrennt mit dem Rücken nach oben auf einem Tisch verteilt.

Gespielt wird nach den üblichen Memoryregeln mit der zusätzlichen Bedingung, dass je eine Figuren- und eine Eigenschaftskarte aufgedeckt werden muss. Wer eine Figur mit einer dazu passenden Eigenschaft aufdeckt, darf die Kärtchen behalten. Die Mitspielerinnen und Mitspieler achten auf richtige Zuordnungen.

Zu den meisten Figuren gibt es mehr als eine passende Eigenschaft.

Zu «allgemeines Viereck» jedoch passt nur eine Eigenschaft: «kann in 2 Dreiecke unterteilt werden».

Wer richtigerweise feststellt, dass keine weiteren Paare möglich sind, darf sämtliche übrigen Kärtchen behalten.

Varianten

- Mit zwei Kärtchensets gleichzeitig spielen – dann allerdings mit der Vorgabe, dass ein Spieler oder eine Spielerin nicht zwei identische Kartenpärchen ziehen darf.
- Das gleiche Spiel lässt sich mit geometrischen Körpern und ihren Eigenschaften spielen.

Figurenmemory: Kärtchen

 Quadrat	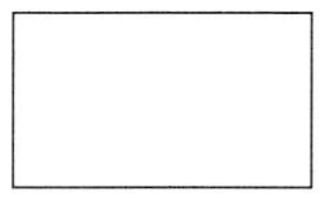 Rechteck	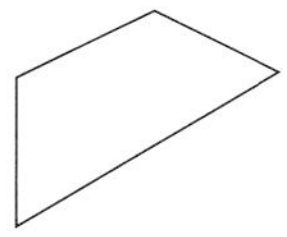 allgemeines Viereck	 Parallelogramm	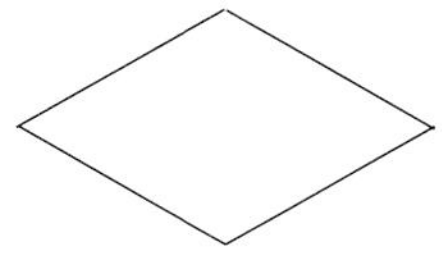 Rhombus
 Quadrat	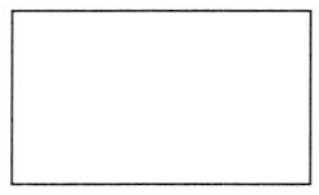 Rechteck	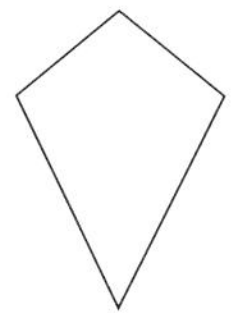 Drachenviereck	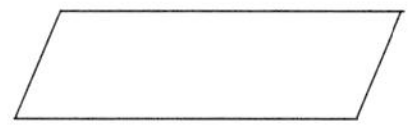 Parallelogramm	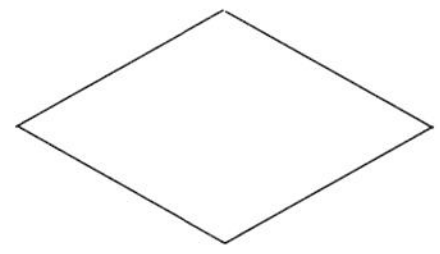 Rhombus
 Quadrat	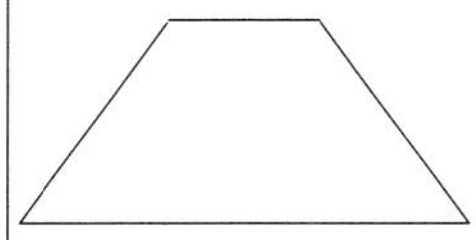 gleichschenkliges Trapez	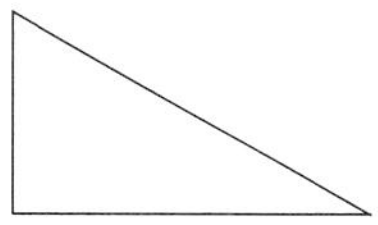 rechtwinkliges Dreieck	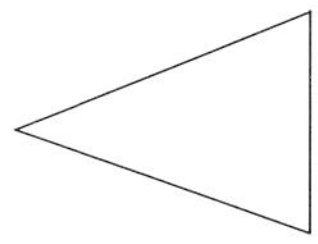 gleichschenkliges Dreieck	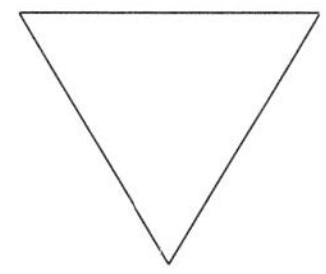 gleichseitiges Dreieck
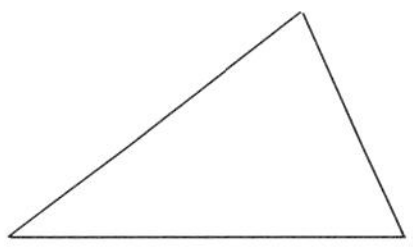 allgemeines Dreieck	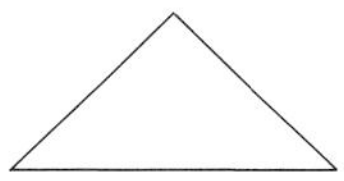 rechtwinkliges gleichschenkliges Dreieck		Alle Winkel sind 90°	Kann in 2 Dreiecke unterteilt werden
Je 2 Seiten sind parallel	Die Diagonalen schneiden sich rechtwinklig	Die Diagonalen schneiden sich rechtwinklig und halbieren sich gegenseitig	Die Diagonalen schneiden sich rechtwinklig, halbieren sich aber nicht gegenseitig	Die Fläche berechnet sich mit Grundlinie · Höhe
Die Diagonalen teilen das Viereck in vier gleichschenklige Dreiecke	Die Fläche ist das halbe Produkt der beiden Diagonalen	Die Figur ist sowohl ein Rhombus als auch ein Rechteck	Zwei Seiten sind parallel, zwei Seiten sind gleich lang	Zwei solche Dreiecke kann man zu einem Rechteck zusammenfügen
Es gibt bei dieser Figur zwei verschiedene Seitenlängen	Das Produkt aus Grundlinie mal Höhe ist immer gleich	In dieser Figur gibt es Winkel von 90° und von 45°	Es gibt keine rechten Winkel, alle Seiten sind gleich lang	Alle Seiten sind gleich lang

Klassen	5	6	7	8	9

2 Spielerinnen und Spieler

Hohlmaße umformen

Wer füllt das größte Fass?

Material

- Quadratisches Spielfeld (etwa 14 auf 14 Einheitsstrecken), ein Farbstift je Spielerin und Spieler

Lernziel

- Sicherheit im Umformen von Hohlmaßen erhalten
- Das Stellenwertsystem spielerisch erfahren

Spielziel

Im Spielfeld eine zusammenhängende Linie zeichnen und dabei möglichst viele, lange Linien einbeziehen.

Spielregeln

Lena muss versuchen, eine Verbindungslinie vom linken zum rechten, Hannes vom oberen zum unteren Rand zu zeichnen. Abwechselnd darf eine Einheitsstrecke auf den Gitterlinien gezeichnet werden. Jede so gezeichnete Strecke blockiert für die andere Farbe die berührten Ecken. Lena und Hannes dürfen je beliebig viele, nicht zusammenhängende Linien ziehen, etwa um den Gegner zu blockieren. Wer zuerst eine zusammenhängende Linie vom einen zum anderen Rand gezeichnet hat, erhält einen Spielpunkt. (Spielidee «TWIXT»)
Zum Schluss (evtl. schon während des Spiels) ist der Inhalt der beiden «Fässer» zu berechnen. 1 Einheitsstrecke (ES) ≙ 5 ml; 2 ES ≙ 50 ml = 5 cl; 3 ES ≙ 500 ml = 5 dl; 4 ES ≙ 5 000 ml = 5 Liter; 5 ES ≙ 50 Liter. Eine 6. Einheitsstrecke in der gleichen Richtung entspricht dann wiederum 5 ml. Die Stellenregel gilt nur auf einer geraden, zusammenhängenden Linie. Nach einem Winkel oder nach einem Unterbruch muss wieder mit 5 ml angefangen werden.
Das Prinzip wird mit der Grafik auf der Kopiervorlage schnell klar. Im Beispiel gewann übrigens Lena das Spiel, während Hannes das größere Fass zu füllen vermochte. Insgesamt ging das Spiel also unentschieden aus.
Das Spiel birgt viele taktische Finessen in sich und ist auch außerhalb der Schule ein guter Zeitvertreib.

Varianten

- Das gleiche Spiel mit Längen-, Gewichts- oder gar Flächenmaßen durchführen.
- 1 ES entspricht 1 (oder 2) ml. In diesem Fall müssen die Schülerinnen und Schüler aber weniger oft Maße umformen.

Wer füllt das größte Fass?: Beispiel und Spielplan

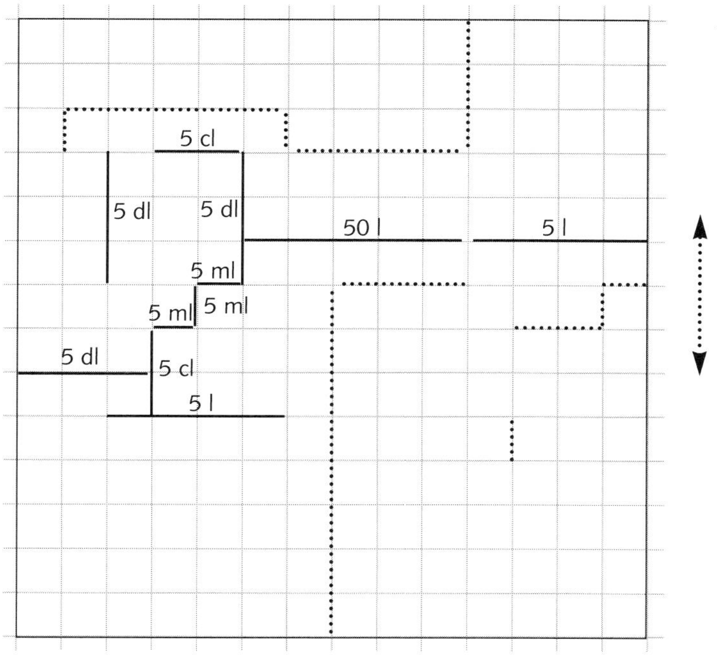

Lena:
1 · 50 l + 2 · 5 l + 3 · 5 dl + 2 · 5 cl + 3 · 5 ml
= 60 l + 1.5 l + 1 dl + 15 ml
= 61 l + 6 dl + 1 cl + 5 ml

Hannes:
2 · 50 l + 1 · 5 l + 3 · 5 dl + 1 · 5 cl + 5 · 5 ml
= 106 l + 5 dl + 7 cl + 5 ml

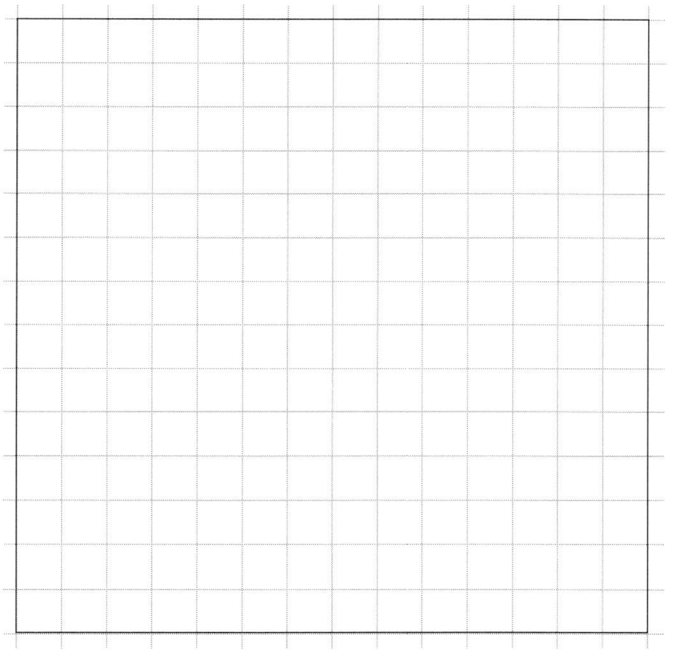

Stellenregel:

1 ES	2 ES	3 ES	4 ES	5 ES
5 ml	50 ml = 5 cl	500 ml = 5 dl	5000 ml = 5 l	50 l

Klassen	6	7	8	9	10

2 Spielerinnen und Spieler

Flächenberechnungen, Maßstabberechnungen

Parzellieren

Material

- Pro Spielgruppe ein Spielblatt

Lernziel

- Maßstabberechnungen für Flächen und Längen
- Flächenmaße umformen
- Strategisch denken und spielen

Spielziel

Möglichst große Flächen «parzellieren»

Spielregeln

Das Spiel scheint auf den ersten Blick komplizierter, als es in Tat und Wahrheit ist. Es hat den Schülerinnen und Schülern viel Spaß gemacht.
Die Spielerinnen und Spieler «bebauen» das Grundstück auf dem Spielplan.
Eine Flächen-Einheit (Karo) entspricht einer Fläche von 25 m^2. Vier Einheiten entsprechen demzufolge 100 m^2 = 1 a und 400 Einheiten entsprechen 1 Hektar (ha).
Den Spielerinnen und Spielern stehen verschiedene Figuren in unterschiedlicher Anzahl zur Verfügung (z.B. 3 Quadrate à 225 a).
Abwechselnd werden nun Figuren auf dem Spielplan eingezeichnet.
Dabei sollen möglichst große zusammenhängende Polygone mit rechten Winkeln entstehen.
Nach einer vorgegebenen Anzahl Spielrunden (z.B. 15) wählen die Spieler und Spielerinnen je 4 möglichst lange Strecken aus, welche vollständig über das eigene Gebiet verlaufen müssen. Die 4 Strecken entsprechen Rechteckdiagonalen. Die zugehörigen Rechtecke werden eingezeichnet, deren Flächeninhalte bestimmt. Zum Schluss bildet man die Summe der 4 Flächeninhalte und formt in Hektar um.
Das Spiel gewinnt, wer die größere Fläche «bebaut» hat.

Varianten

- Bruno und Jasmin spielen so lange, bis Jasmin (oder Bruno) der Meinung ist, dass ihre Rechtecke mindestens eine Flächensumme von 1 ha aufweisen. Gibt ihr die nachfolgende Rechnung recht, hat sie das Spiel gewonnen, andernfalls verloren.
- Raummaße: Die Spielpartner haben zahlreiche Würfel in zwei Farben zur Verfügung, die sie (auf einem Spielblatt, eingeteilt in Würfelflächen) beliebig auf- und aneinander türmen. Gesucht ist die größte Raumdiagonale. Wie groß ist der entsprechende Quader?

Parzellieren: Spielblatt

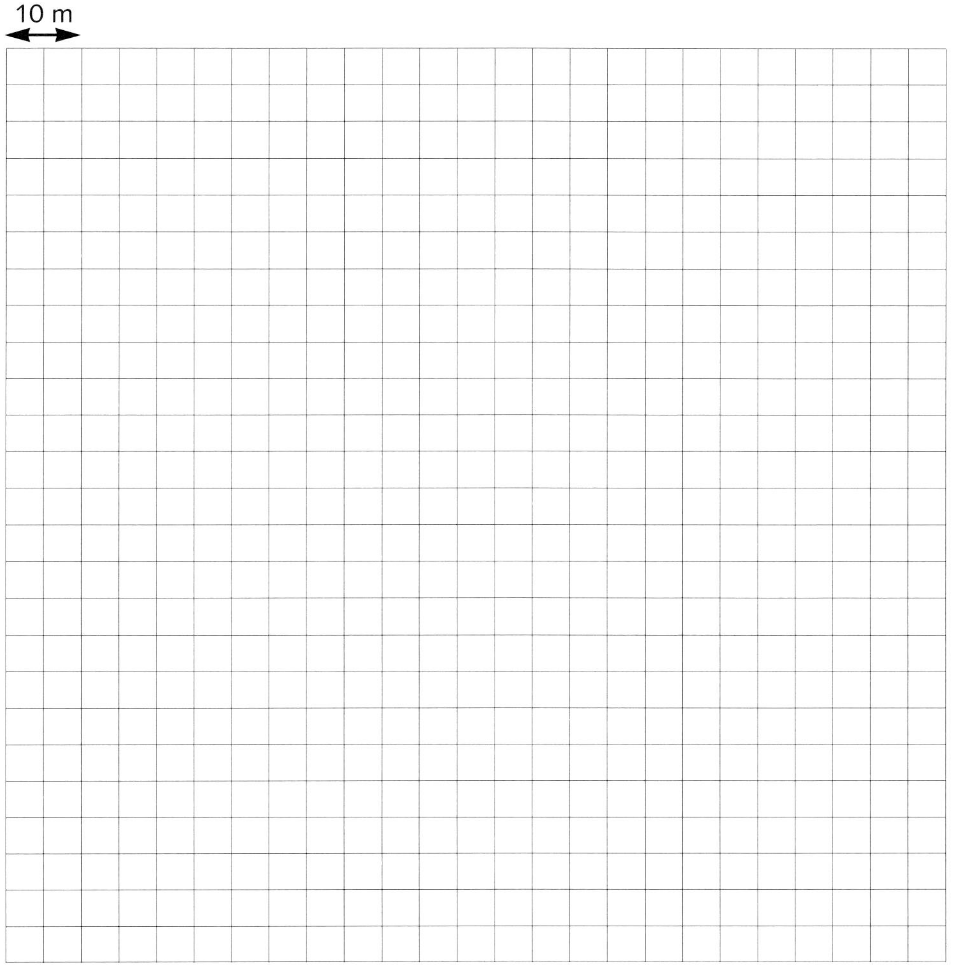

A	○○	○○○	○○○○	○○○○ ○	○○○○ ○○	○○○○ ○○○○
Figur	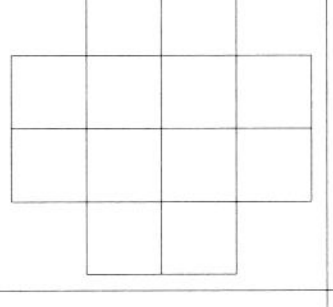	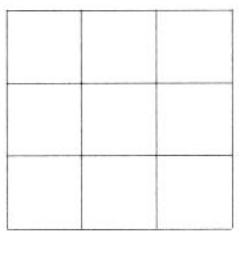	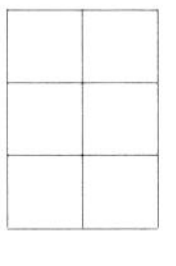	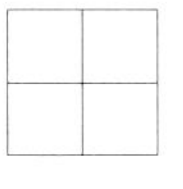	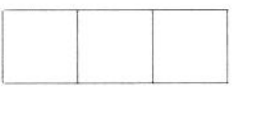	
Anzahl	2	3	4	5	6	8
Flächeninhalt	3 a	2.25 a	1.5 a	1 a	75 m^2	25 m^2
B	○○	○○○	○○○○	○○○○ ○	○○○○ ○○	○○○○ ○○○○

Rechtecke Spieler/in ....

1) _____ m · _____ m = _____ · _____ a
2) _____ m · _____ m = _____ · _____ a
3) _____ m · _____ m = _____ · _____ a
4) _____ m · _____ m = _____ · _____ a

Total _______ a = _____ · _____ ha

Rechtecke Spieler/in ....

1) _____ m · _____ m = _____ · _____ a
2) _____ m · _____ m = _____ · _____ a
3) _____ m · _____ m = _____ · _____ a
4) _____ m · _____ m = _____ · _____ a

Total _______ a = _____ · _____ ha

Klassen	6	7	8	9	10

2–4 Spielerinnen und Spieler

Lineare Funktionsgraphen

Kostencheck

Material

- Je Gruppe ein Blatt mit den Funktionsgraphen und den Situationen, evtl. Lösungsschlüssel

Lernziel

- Situationen mathematisieren und mittels Grafiken darstellen
- Gemeinsamkeiten von Situationen entdecken, die dem gleichen Funktionsgraphen zugeordnet werden können

Spielziel

Situationen zu Grafiken zuordnen und dadurch möglichst viele Spielpunkte erobern

Spielregeln

Dominik beauftragt Kathrin, Situation 9 zu lösen. Kathrin wählt eine Zuordnung, etwa 9d. Ist Dominik einverstanden, erhält Kathrin einen Spielpunkt. Andernfalls wird die Lehrperson nach der Lösung gefragt. In diesem Fall erhält Kathrin für die richtige Lösung 2 Punkte.
Nun werden die Rollen vertauscht. Kathrin wählt eine Situation, welche Dominik zu lösen hat.
Das Spiel gewinnt, wer bei Spielende am meisten Spielpunkte erreicht.

Lösungen:

1b	2e	3a	4h	5e	6g	7i	8g
9d	10f	11c	12d	13a	14b	15g	16f
17e	18h	19f	20b	21a	22c	23d	24c
25h	26g	27i	28a	29f	30b		

Varianten

- Bei mehr als 2 Spielerinnen und Spielern können die Spielregeln entsprechend angepasst werden.
- Die Schülerinnen und Schüler sollen selbst Situationen erfinden, die zu den Funktionsgraphen passen.
- Die Zuordnung ist gerade für ungeübte Schülerinnen und Schüler der 7. Klasse schwierig. Vermutlich müssen einige der Funktionsgraphen zuvor besprochen werden.
- Anstatt reihum zu spielen, kann auf Tempo gespielt werden.
  Wer eine falsche Vermutung äußert, ist für die laufende Aufgabe gesperrt. Wer als Erste oder als Erster richtig zuordnet, kriegt einen Punkt und tritt für die nächste Aufgabe in den Ausstand, da sie oder er diese vorliest und mit dem Lösungsschlüssel korrigiert. Zu Beginn des Spiels muss ausgelost werden, wer die erste Aufgabe korrigiert.
- Sich auf Situationen beschränken, die nur den Graphen b, d, f, e, i zugeordnet werden können.

Kostencheck: Situationen

1. Du kaufst Äpfel zu einem bestimmten Preis pro kg.
2. Ein Restaurant verlangt Eintritt. Dort kannst du dafür ohne weitere Kosten so viel essen, wie du willst.
3. Du fährst Taxi. Der Fahrer verlangt eine Grundgebühr. Für jeden angebrochenen Kilometer verlangt der Fahrer einen festen Preis.
4. An einem Fest können alle teilnehmen, egal ob und wie viel man bezahlt.
5. Familienferien in Italien: Die Familie mit einem Kind bezahlt gleich viel wie diejenige mit 6 Kindern.
6. Wer in einem Café eine Kaffeekarte für 10 Getränke löst, bekommt den elften Kaffee kostenlos.
7. Ein Badmintonclub verlangt von allen Mitgliedern einen Jahresbeitrag. Pro gewonnenem Meisterschaftsspiel verringert sich dieser um einen bestimmten Betrag (erhaltene Leistung = 1 Sieg).
8. Wenn du 10 Bleistifte kaufst, bekommst du die nächsten 2 geschenkt.
9. An einer Abendschule ist der Besuch des ersten Abends kostenlos. Für jeden weiteren Kursbesuch musst du allerdings dann bezahlen.
10. Ein Fitnessclub erhebt eine Grundgebühr für die Mitgliedschaft. Jeder Besuch kostet danach einen bestimmten Betrag.
11. Um von Bern nach Zürich zu fahren, lohnt es sich, bis zu 15 Fahrten einen Einzelfahrschein zu kaufen. Wer öfter im Monat fährt, ist gut beraten, wenn er eine Monatskarte kauft.
12. Beim Betreten eines Geschäfts bekommst du einen Einkaufsgutschein. Bis zum angegebenen Wert sind die Güter gratis. Kaufst du mehr ein, musst du den Restbetrag bezahlen.
13. In einem Parkhaus zahlt man für jede angebrochene Stunde einen bestimmten Betrag. Zusätzlich ist eine Grundgebühr zu bezahlen.
14. Ein Spielsalon verlangt für jede Partie Billard stets den gleichen Betrag, egal wie viele Partien du spielst.
15. In einem Hotel werden jeweils 5 Nächte in Rechnung gestellt. Die 6. und 7. (bzw. die 13. und 14.) Nacht sind dann kostenlos.
16. Eine Diskothek verlangt einen festen Eintritt. Jedes Getränk in der Disco kostet gleich viel.
17. Ein Tennisclub verlangt jährlich einen Mitgliederbeitrag. Wenn du ihn bezahlt hast, kannst du spielen, so oft du willst.
18. Eine Privatschule wird durch freiwillige Jahresbeiträge finanziert. Wer begütert ist, bezahlt viel. Wer es sich nicht leisten kann, wird kostenlos unterrichtet.
19. Für deine Urlaubsbilder musstest du zuerst den Film und die Entwicklung bezahlen. Jedes gelungene Bild kostet dich anschließend den gleichen Betrag.
20. Du wechselst Schweizer Franken in Euro. Für jeden zu wechselnden Franken bekommst du stets den gleichen Betrag (ohne Grundgebühr).
21. Auf dem Rummelplatz werden die Attraktionen nur in Bündeln zu 5 Karten verkauft. Die 5 Karten sind an allen Stationen gültig.
22. Wenn du in einem Winter nicht öfter als 16 Tage in einem bestimmten Gebiet Ski laufen gehst, ist der Kauf von Tageskarten günstiger. Ab 17 Tagen Skivergnügen lohnt sich der Kauf eines Winterpasses.
23. Die ersten 20 Hefte pro Schuljahr sind kostenlos. Jedes weitere Heft muss bezahlt werden.
24. Wer in der Stadt mit der Straßenbahn fährt, kann sich Einzelfahrkarten kaufen. Bei mehr als 5 Fahrten lohnt sich eine Tageskarte.
25. Allen Mitgliedern des ornithologischen (vogelkundlichen) Vereins wurde ein Jahrbuch zugestellt. Die Kosten sollen mit freiwilligen Beiträgen gedeckt werden.
26. Wer 10 kg Kartoffeln kauft, bekommt das 11. Kilogramm kostenlos.
27. Eine teure Eliteschule in England verringert das Schulgeld pro Fach, falls ein Schüler oder eine Schülerin hervorragende Leistungen erbringt.
28. Ein Autovermieter verlangt für seine Mietautos je angebrochenen Tag stets die gleiche Pauschale.
29. Ein Versandhaus berechnet für jede Sendung immer gleich hohe Versandkosten.
30. Du nimmst Schlagzeugunterricht und bezahlst deine Lehrerin pro erhaltene Lektion.

Kostencheck: Funktionsgraphen

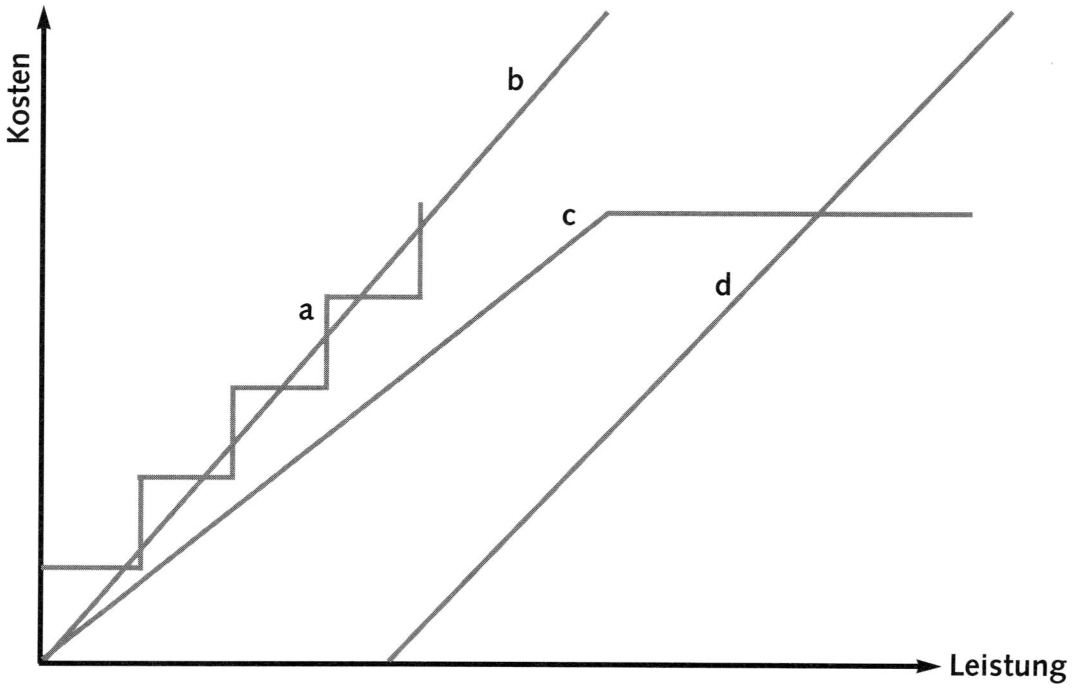

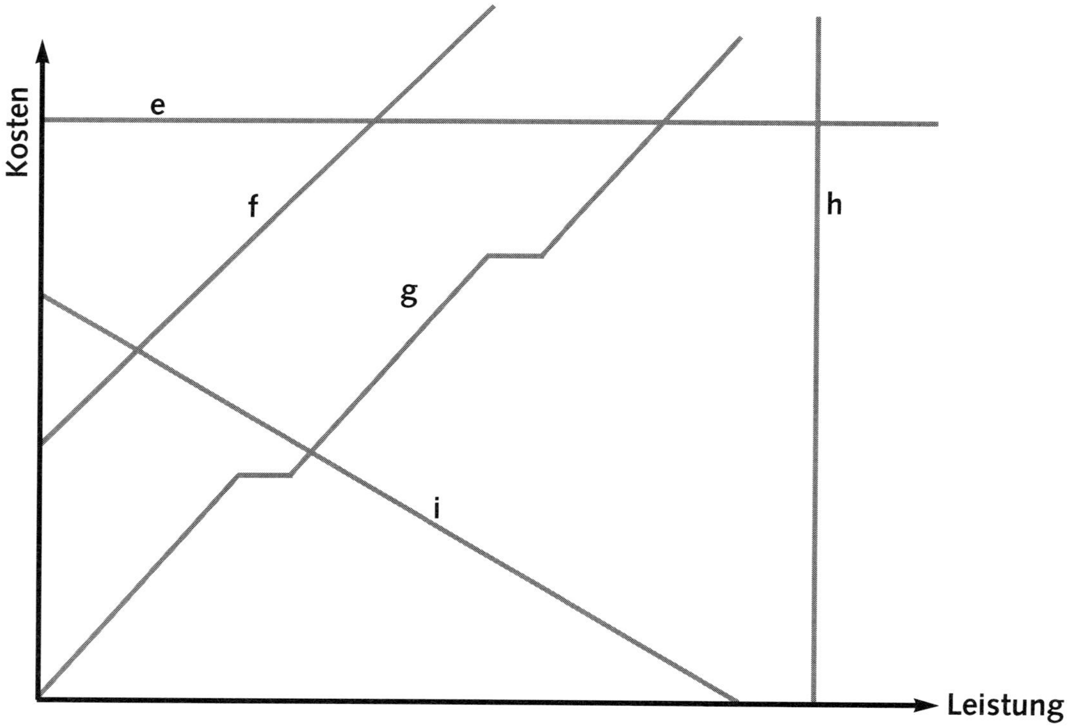

Vierblatt

Material

- Pro Gruppe 36 ausgeschnittene Zahlenkärtchen (Kopiervorlage)

Lernziel

- Proportionale Zuordnungen üben
- Mehr Virtuosität im Umgang mit proportionalen Zahlenpaaren entwickeln
- Kopfrechnen, insbesondere das Berechnen von Operatoren, üben

Spielziel

Möglichst viele proportionale Zahlenpaare legen können

Spielregeln

Die Spielerinnen und Spieler erhalten je 5 Zahlenkärtchen.
Die übrigen Kärtchen werden gemischt und verdeckt auf den Tisch gelegt.
4 Kärtchen werden für alle ersichtlich umgedreht. Die Spielerinnen und Spieler versuchen nun, 2 proportionale Zahlenpaare zu finden. Dazu dürfen die eigenen sowie die vier offen auf dem Tisch liegenden Kärtchen verwendet werden.
Wer eine solche proportionale Zuordnung findet, ruft «halt» und legt die 4 Kärtchen auf ihre Plätze. Stimmt die Zuordnung, darf sich der Spieler oder die Spielerin einen Punkt notieren. Die 4 für die Zuordnung gebrauchten Kärtchen werden verdeckt auf den Tisch gelegt, die Kärtchen in der Hand werden wiederum auf 5 und diejenigen auf dem Tisch auf 4 ergänzt. Ist die Zuordnung falsch, ist die Schülerin bzw. der Schüler bis zur nächsten erfolgten Zuordnung gesperrt. Die 4 Kärtchen bleiben in einem solchen Fall im Spiel.
Gelingt es innerhalb einer bestimmten Zeit (ca. 1 Minute) niemandem, eine proportionale Zuordnung zu bilden, dürfen alle zwei beliebige Handkärtchen durch Kärtchen vom Stapel ersetzen.
Wer nach einer gewissen Zeit am meisten Kärtchen ablegen konnte, gewinnt das Spiel.

Beispiel:

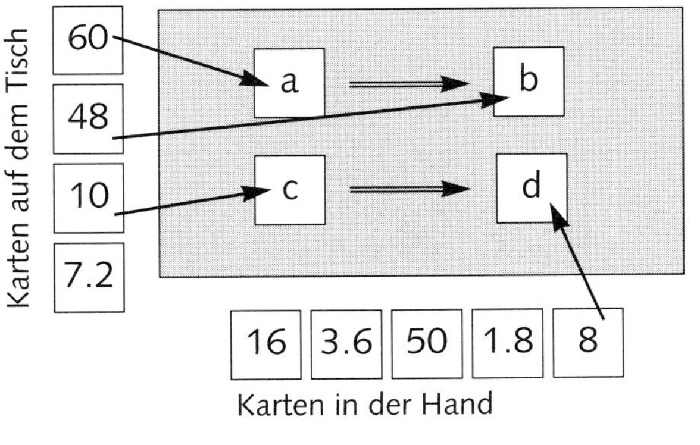

a : b = c : d
oder
a : c = b : d

Varianten

Falls der Abstraktionsgrad Mühe macht, kann mit kg und Fr. (oder DM) gerechnet werden.
Ich möchte dem kooperativen Spiel einen Stab brechen. Die Regeln bleiben die gleichen wie oben, mit dem Unterschied, dass zwei Spielerinnen und Spieler gemeinsam 8 Kärtchen verwalten und versuchen, proportionale Paare zu bilden. Die Schüler und Schülerinnen selbst kommen nach kurzer Zeit mit eigenen Spielideen. Ausprobieren lohnt sich bestimmt.

Vierblatt: Zahlenkärtchen

6	12	18	24	30	36
2	4	8	16	32	48
5	10	15	20	40	50
0.6	1.2	1.8	2.4	3.6	7.2
1	60	80	100	72	120
2	4	5	6	10	12

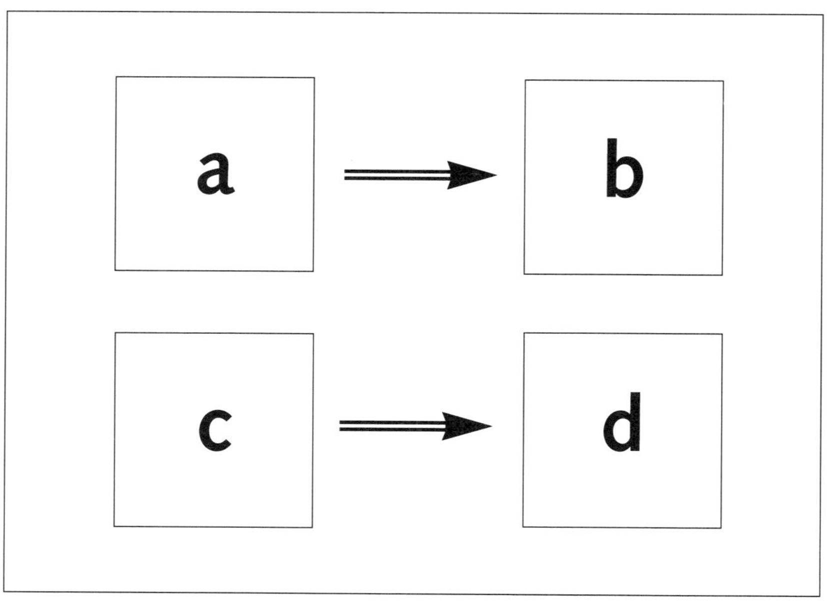

Klassen	6	7	8	9	10

2–4 Spielerinnen und Spieler pro Gruppe

Zinsrechnungen

Goldrush

Material

- Mehrere Spielwürfel
- Ein 20er Würfel
- Je Gruppe 2 Spielblätter (für 6 Runden) und das Beiblatt «Anlagemöglichkeiten» (Kopiervorlagen)

Lernziel

- Zinsrechnungen in einer Spielsituation anwenden
- Verschiedene Anlagemöglichkeiten und deren Risiken (und Erträge) kennen lernen

Spielziel

In 6 Spielrunden das Startkapital von Fr. 10 000.– (bzw. von EUR 10 000.–) vermehren

Spielregeln

Jede Spielgruppe erhält ihr Startkapital (Spielgeld oder fiktiv). Um die Spielregeln verstehen zu können, ist die Lektüre des Beiblattes «Anlagemöglichkeiten» notwendig.
Jede Gruppe entscheidet sich zu Beginn jeder Spielrunde für eine der 5 Kapitalanlagen und schreibt diese auf ihr Spielblatt. Eine Kapitalanlage darf in den 5 Runden höchstens zweimal gewählt werden. Nach getroffener Wahl kommt jede Gruppe zur Spielleitung, um den Zinssatz und die Laufzeit (z.B. würfeln mit dem 20er Würfel, Augenzahl mit 24 multiplizieren) festzulegen.
Jede Spielgruppe rechnet in einer Spielrunde mit den erhaltenen Daten den neuen Kapitalstand aus, kontrolliert (und verbessert wenn nötig) das Resultat einer Konkurrenzgruppe, bestimmt die Geldanlage für die nächste Spielrunde. Ebenso füllt jede Gruppe jeweils das Spielblatt aus.
Es ist ratsam, vor Spielbeginn ein Beispiel durchzugehen.

Beispiel:

Spielrunde			Investitionsart		
Ausgangskapital:	*1 800.–*	Fr./EUR	100 %	→	*1800.–*
Zinssatz:	*4*	%	*4* %	→	*72.–*
Laufzeit:	*120*	d	360 d	→	*72.–*
Kapital für die nächste Runde:	*1824.–*	Fr./EUR	*120* d	→	*24.–*

Varianten

- Eigene Vorgaben oder Geldanlagen entwickeln.
- Um Wartezeiten zu vermeiden, können Zusatzaufgaben gestellt werden. Richtige Lösungen werden mit einer Erhöhung des Zinssatzes (2.5%) «belohnt».

Goldrush: Spielblätter

◯ **Spielrunde** **Investitionsart** ....

Ausgangskapital:	______ Fr./EUR	100 %	→	______
Zinssatz:	______ %	___ %	→	☐ ↓
Laufzeit:	______ d	d	→	______
Kapital für die nächste Runde:	______ Fr./EUR	___ d	→	☐

◯ **Spielrunde** **Investitionsart** ....

Ausgangskapital:	______ Fr./EUR	100 %	→	______
Zinssatz:	______ %	___ %	→	☐ ↓
Laufzeit:	______ d	d	→	______
Kapital für die nächste Runde:	______ Fr./EUR	___ d	→	☐

◯ **Spielrunde** **Investitionsart** ....

Ausgangskapital:	______ Fr./EUR	100 %	→	______
Zinssatz:	______ %	___ %	→	☐ ↓
Laufzeit:	______ d	d	→	______
Kapital für die nächste Runde:	______ Fr./EUR	___ d	→	☐

Goldrush: Anlagemöglichkeiten

Anlagemöglichkeiten

1. Bank
2. Obligationen
3. Aktien
4. Gold
5. Risikogeschäft

Laufzeiten

- Für Risikogeschäfte ist die Laufzeit 360 Tage.
- Für alle anderen Investitionsarten wird mit einem 20er Würfel gewürfelt. Die gewürfelte Zahl mit 24 multipliziert ergibt die Anzahl Lauftage.

Zinssätze

- *Bank:* 5% für alle Spielrunden.
- *Obligationen:* mit 2 Sechserwürfel würfeln; Summe der Augen = Zinssatz (%)
- *Risikogeschäft:* Produkt zweier Zahlen, die mit einem 6er und einem 20er Würfel gewürfelt werden. Mit einem weiteren 6er Würfel würfelt man Gewinn oder Verlust: 1 und 2 entsprechen einem negativen Zinssatz; 3, 4, 5 und 6 einem positiven Zinssatz.
- *Aktien und Gold:* Zinssatz abhängig von der Konjunkturlage bzw. der Spielrunde (s.u.). Die Zinssätze in Klammern werden erst nach dem jeweiligen Entscheid der Spielgruppe bekannt gegeben.

1. Spielrunde

Gold: Letztes Jahr wurde viel Gold gekauft, Angst vor Inflation (+30%).
Aktien: Swissair ist Nummer 1 in Umfrage weltweit (+16%).
Nestlé: Fabrik abgebrannt (–12%).
UBS: Direktor hat Wahlkampf der Freiheitlichen Partei finanziert (–6%).

2. Spielrunde

Gold: In Südafrika wurden neue riesige Goldlager entdeckt (–15%).
Aktien: Swissair: Es ist ein Boom für Luxusferien festzustellen (+25%).
Nestlé hat einen neuen Markt in Südostasien erfolgreich erschlossen (+8%).
UBS: Der Finanzskandal ist noch nicht überwunden (–4.5%).

3. Spielrunde

Gold: Die Goldfunde haben eine Verkaufswelle ausgelöst (–20%).
Aktien: Swissair: Kriegsgefahr im Nahen Osten und Südasien lassen das Geschäft stocken (+1.5%).
Nestlé: Die Kriegsgefahr lässt auch den neu erschlossenen Markt abflauen (+0.25%).
UBS: Kriegsgefahr lässt die Leute in der Schweiz anlegen (+22.6%).

4. Spielrunde

Gold: Aus Angst vor Inflation flüchten sich viele Leute in Goldkäufe (+26.4%).
Aktien: Swissair: Kriegsgefahr noch nicht ganz gebannt (+2.5%).
Nestlé: Der Zusammenbruch von Mars lässt Verkaufszahlen steigen (+7%).
UBS: Die internationalen Finanzplätze in Kriegsgebieten erholen sich (+10.2%).

5. Spielrunde

Gold: Die Situation hat sich normalisiert (+2.4%).
Aktien: Swissair: Die sichere internationale Lage löst rege Reisetätigkeit in den Fernen Osten aus (+12.9%).
Nestlé: Hilft aktiv bei der Versorgung in Hungergebieten mit (+14.7%).
UBS: Die Anleger ziehen z.T. das Geld in den fernen Osten ab, weil dort mehr Zins bezahlt wird (–3.75%).

Klassen	6	7	8	9	10

2–5 Spielerinnen und Spieler pro Gruppe

Raummaße

Kubikleiter

Material

- 12er (evtl. 8er oder 20er) Würfel, kariertes Papier, Bleistift und Lineal

Lernziel

- Raummaße umformen können (1 000er Schritte)
- Zahlen optimal zu Produkten oder Produktsummen gruppieren

Spielziel

Möglichst schnell zum Kubikmeter «aufsteigen», daher der Name Kubikleiter

Spielregeln

Die Spielerinnen und Spieler würfeln reihum mit einem Zwölferwürfel und notieren sich die gewürfelten Augenzahlen. Die Seitenlängen der Quader (Maßzahlen) entsprechen den gewürfelten Augenzahlen oder Summen davon.
Das Produkt dreier Seitenlängen entspricht somit dem Inhalt eines Quaders.
Man beginnt mit Millimeter bzw. mm^3.
Es wird gewürfelt, bis eine Spielerin oder ein Spieler einen Versuch unternimmt, auf das nächst höhere Raummaß «aufzusteigen». Dies ist jeweils dann möglich, wenn ein oder mehrere Quader zusammen genau dem Einheitswürfel der nächst höheren Einheit (also 1 000 kleinen Einheiten) entsprechen. Gelingt dieser Versuch, werden alle nichtverwendeten Augenzahlen gelöscht und es kann ab sofort im nächst höheren Raummaß weitergespielt werden, ansonsten müssen weitere Augenzahlen gesammelt werden.
Beispiel:
Sarah hat bisher folgende Augenzahlen gewürfelt: 10; 8; 7; 5; 4; 4; 3; 3; 3; 2; 1.
Sie bildet damit zwei Quader.
Quader 1: a = 10 mm, b = 5 mm, c = (7 + 3) mm
Quader 2: a = (4 + 3 + 3) mm, b = (8 + 2) mm, c = (4 + 1) mm
Sie hat somit zwei Quader zu je 500 mm^3 Inhalt gebildet. Die Summe ist 1 000 mm^3 = 1 cm^3. Sarah darf also «aufsteigen».

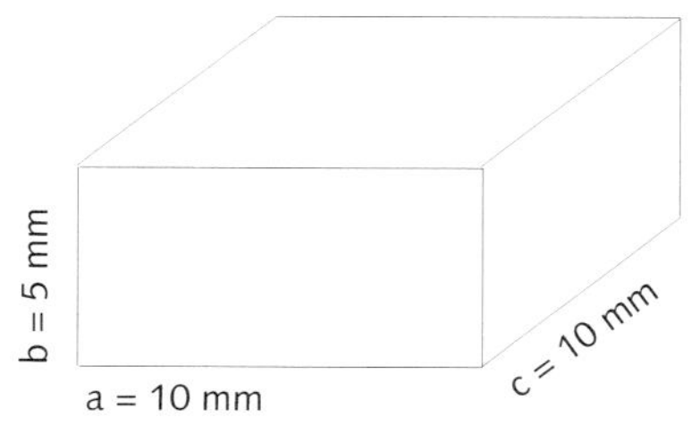

Quader 1

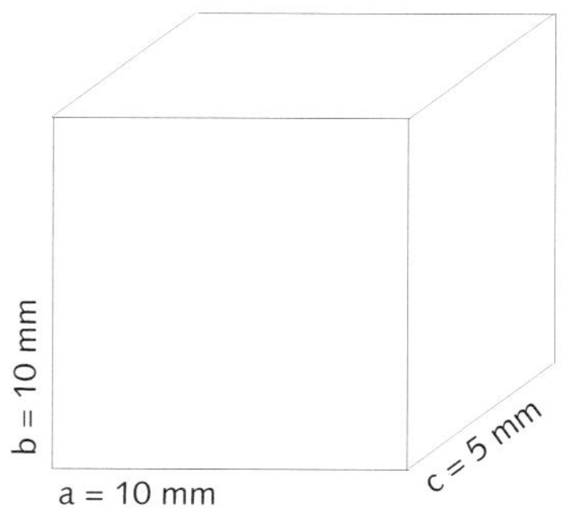

Quader 2

Varianten

- Die Quader müssen in isometrischer Darstellung gezeichnet werden.
- Um aufsteigen zu können, müssen die gezeichneten Quader zusätzlich so «zerschnitten» werden, dass man aus seinen Teilen einen Würfel von 10 · 10 · 10 Einheiten herstellen kann.

Wer feiert Silvester?

Material

- 1 Spielplan pro Gruppe (Kopiervorlage)
- 6er Würfel
- Pro Person 5 Spielfiguren und Notizmaterial

Lernziel

- Zeitmaße sicher umformen
- Zeitpunkte formal richtig notieren
- Spielstrategien entwickeln

Spielziel

Den Zeitpunkt «Silvester 24.00 Uhr» erreichen

Spielregeln

Ziel des Spiels ist es, vor allen anderen Silvester (31.12. 24.00, kein Schaltjahr) zu feiern.
Jede Spielerin und jeder Spieler würfelt zu Spielbeginn dreimal, um die Startposition (Datum, Uhrzeit) festzulegen. Der erste Wurf legt den Monat fest (3 für März), der zweite den Monatstag und der dritte Wurf die Uhrzeit (Stunden). Minuten und Sekunden werden später eine Rolle spielen. Das Startdatum wird notiert und durch Spielfiguren auf dem Spielplan dargestellt oder mit einem Stift markiert.
Für jede Runde geben die Spielerinnen und Spieler bekannt, in welchem der 6 Zeitmaße sie vorrücken möchten. Wer nicht in Sekunden vorwärtskommen will, muss zweimal würfeln. Mit dem 1. Wurf wird festgelegt, in welchem Zeitmaß gespielt werden darf: Würfelt man eine 5 oder eine 6, darf im gewünschten Zeitmaß gespielt werden. Wer eine 1, 2, 3 oder eine 4 würfelt, muss in der nächst kleineren Einheit spielen. Mit einer 2 bewegt man sich also anstatt in «Monaten» in «Wochen».
Der zweite Wurf legt dann fest, wie weit im zugeteilten Zeitmaß vorgerückt werden kann.
Es gewinnt, wer zuerst den 31.12. um 24.00 Uhr (mit einer Toleranz von ± 30 Sekunden) erreicht. Wer mehr als 30 Sekunden über die Position von Silvester vorrückt, muss ganz von vorne beginnen.
Bei Minuten und Sekunden wird in Schritten zu 5 Einheiten vorgerückt.

Beispiel:
Eine Schülerin würfelt zu Spielbeginn 3, 5 und 3. Ihre Startposition ist also der 5. März, 03 Uhr.
Sie wählt für die 1. Spielrunde das Zeitmaß «Monat», erzielt im 1. Wurf aber nur eine 3. Sie muss also in «Wochen» vorrücken. Im 2. Wurf würfelt sie eine 4. Somit gelangt sie auf den 2. April, 03 Uhr.

Varianten

- Die Schülerinnen und Schüler führen ein Rechnungsprotokoll.

Wer feiert Silvester?: Spielplan

1 – Monate

- Januar
- Februar
- März
- April
- Mai
- Juni
- Juli
- August
- September
- Oktober
- November
- Dezember

2 – Wochen

Spielmarken auf Monats- und Tagesfeldern bewegen

3 – Tage

1. · 2. · 3. · 4. · 5. · 6. · 7. · 8. · 9. · 10. · 11. · 12. · 13. · 14. · 15. · 16. · 17. · 18. · 19. · 20. · 21. · 22. · 23. · 24. · 25. · 26. · 27. · 28. · 29. · 30 · 31.

4 – Stunden

00. · 01. · 02. · 03. · 04. · 05. · 06. · 07. · 08. · 09. · 10. · 11. · 12. · 13. · 14. · 15. · 16. · 17. · 18. · 19. · 20. · 21. · 22. · 23. · 24.

5 – Minuten / **6 – Sekunden**

.00 · .05 · .10 · .15 · .20 · .25 · .30 · .35 · .40 · .45 · .50 · .55 · .60

Klassen	6	7	8	9	10

2–5 Spielerinnen und Spieler

Zusammengesetzte Maße, Geschwindigkeit

Schatzsuche

Material

- Pro Spielgruppe 1 Spielplan (Kopiervorlage evtl. auf A3 vergrößern)
- Spielwürfel
- 2–5 Farbstifte, Geodreieck
- Je 1 Spielblatt (Kopiervorlage) pro Spielerin und Spieler

Lernziel

- Die Beziehung zwischen Distanz, Geschwindigkeit und Zeit rechnerisch festigen und inhaltlich erfassen
- Lösungsstrategien entwickeln (z.B. schnell und lange bringt mich weit)

Spielziel

Mit dem «Heißluftballon» auf der Insel mit dem Schatz landen.

Spielregeln

Die Spielerinnen und Spieler würfeln als Erstes um die Startposition. Wer die höchste Zahl würfelt, darf sich zuerst einen der fünf Startplätze im Norden der Hauptinsel aussuchen und beginnt auch das Spiel.
Mit Hilfe eines Würfels und der Windrose auf dem Spielblatt bestimmen die Schülerinnen und Schüler die «Flugrichtung» (nicht etwa die Windrichtung) für jeden Zug. Aufgrund der Flugrichtung wird entschieden, wie schnell und wie lange man in dieser Spielrunde fliegen will. Die gewählte Geschwindigkeit sowie die Zeitdauer werden auf dem persönlichen Spielblatt abgestrichen. (Jeder Wert steht nur einmal zur Verfügung.) Richtung, Geschwindigkeit und Zeitdauer bestimmen die neue Position (auf km genau), die auf der Karte mit der eigenen Farbe einzutragen ist (1 mm $\hat{=}$ 1 km, wobei der Maßstab für die Philippinen natürlich nicht stimmt).
Wer sich nach einem Spielzug über einer Insel befindet, hat wieder sämtliche Geschwindigkeiten und Zeiten zur Verfügung (Spaltenwechsel auf dem Spielblatt). Auf den größeren Inseln muss in einem solchen Fall aber eine oder gar zwei Runden ausgesetzt werden. Die entsprechenden Angaben befinden sich auf dem Spielplan.
Wer zuerst auf der Schatzinsel anlangt, hat das Spiel gewonnen. Unter Umständen muss mit der Klasse eine Regelung getroffen werden, was mit ungenau eingezeichneten Spielzügen (mehr als 2 mm Abweichung) zu geschehen hat. Bewegungen, die den Spielplan verlassen, werden nicht ausgeführt, wohl aber die gewählten Werte auf dem Spielblatt markiert.

Spielblatt von ....

Geschwindigkeit

Nach Zwischenlandung Nr.

	1	2	3	
❑	❑	❑	❑	8 km/h
❑	❑	❑	❑	12 km/h
❑	❑	❑	❑	16 km/h
❑	❑	❑	❑	18 km/h
❑	❑	❑	❑	25 km/h
❑	❑	❑	❑	30 km/h
❑	❑	❑	❑	36 km/h
❑	❑	❑	❑	40 km/h

Zeitdauer

Nach Zwischenlandung Nr.

	1	2	3	
❑	❑	❑	❑	15 min
❑	❑	❑	❑	40 min
❑	❑	❑	❑	1 h 30 min
❑	❑	❑	❑	2 h 15 min
❑	❑	❑	❑	2 h 40 min
❑	❑	❑	❑	3 h
❑	❑	❑	❑	4 h 30 min
❑	❑	❑	❑	5 h 20 min

Spielblatt von ....

Geschwindigkeit

Nach Zwischenlandung Nr.

	1	2	3	
❑	❑	❑	❑	8 km/h
❑	❑	❑	❑	12 km/h
❑	❑	❑	❑	16 km/h
❑	❑	❑	❑	18 km/h
❑	❑	❑	❑	25 km/h
❑	❑	❑	❑	30 km/h
❑	❑	❑	❑	36 km/h
❑	❑	❑	❑	40 km/h

Zeitdauer

Nach Zwischenlandung Nr.

	1	2	3	
❑	❑	❑	❑	15 min
❑	❑	❑	❑	40 min
❑	❑	❑	❑	1 h 30 min
❑	❑	❑	❑	2 h 15 min
❑	❑	❑	❑	2 h 40 min
❑	❑	❑	❑	3 h
❑	❑	❑	❑	4 h 30 min
❑	❑	❑	❑	5 h 20 min

Spielblatt von ....

Geschwindigkeit

Nach Zwischenlandung Nr.

	1	2	3	
❑	❑	❑	❑	8 km/h
❑	❑	❑	❑	12 km/h
❑	❑	❑	❑	16 km/h
❑	❑	❑	❑	18 km/h
❑	❑	❑	❑	25 km/h
❑	❑	❑	❑	30 km/h
❑	❑	❑	❑	36 km/h
❑	❑	❑	❑	40 km/h

Zeitdauer

Nach Zwischenlandung Nr.

	1	2	3	
❑	❑	❑	❑	15 min
❑	❑	❑	❑	40 min
❑	❑	❑	❑	1 h 30 min
❑	❑	❑	❑	2 h 15 min
❑	❑	❑	❑	2 h 40 min
❑	❑	❑	❑	3 h
❑	❑	❑	❑	4 h 30 min
❑	❑	❑	❑	5 h 20 min

Schatzsuche: Spielplan

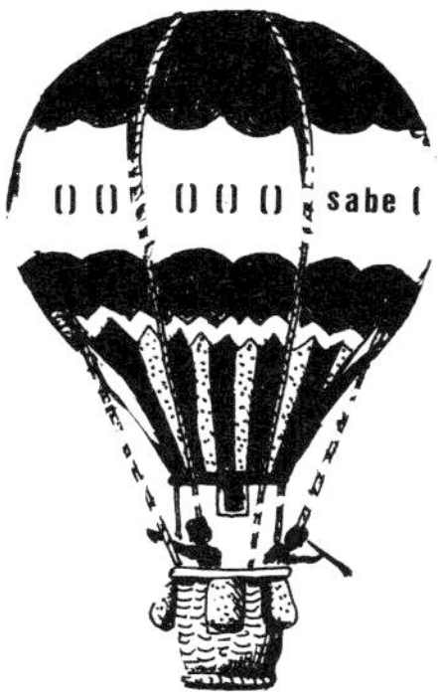

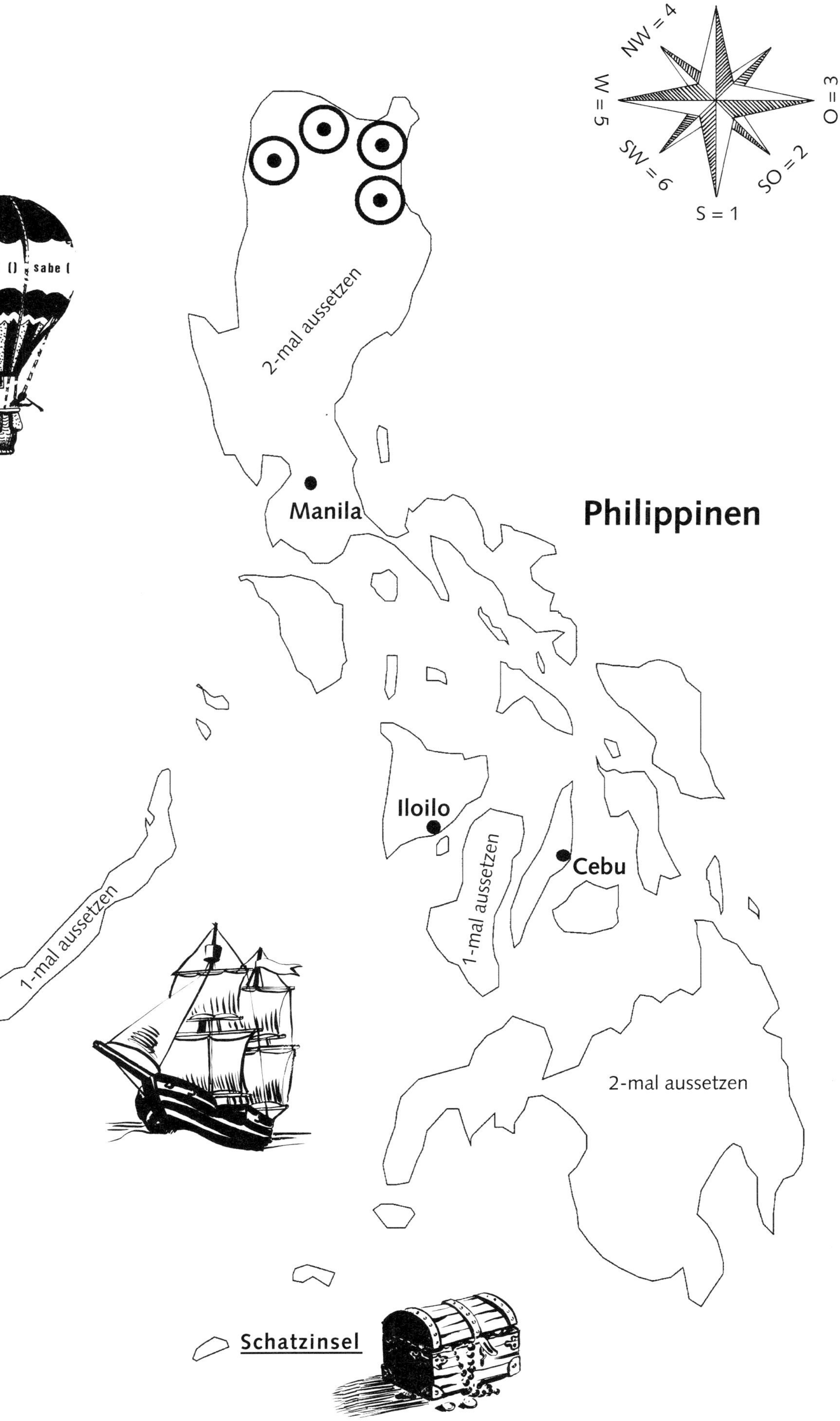

Maßstab 1:1'000'000 (1 mm ≙ 1 km)

Klassen	6	7	8	9	10

Ganze Klasse, in Gruppen aufgeteilt

Kombinatorik

Gruppendrill

Material

- Ein Set Situationskärtchen (Kopiervorlagen), evtl. auf Folie kopiert
- Spielwürfel
- Overheadprojektor

Lernziel

- Kombinatorische Fragestellungen mit wechselnden Vorgaben quantifizieren
- Einen Zugang zur Kombinatorik durch systematisches Handeln finden

Spielziel

Je Gruppe möglichst viele Fragestellungen richtig beantworten

Spielregeln

Die Klasse wird in Gruppen zu 6 oder zu 5 eingeteilt.
Eine Schülerin oder ein Schüler zieht eine Situationskarte und würfelt mit dem 6er Würfel. Wird eine 1 gewürfelt, muss der Wurf wiederholt werden, sonst wird die Situationskarte vorgelesen, wobei der Platzhalter «x» durch die gewürfelte Zahl ersetzt wird. Nach Möglichkeit werden die Kärtchen auf Folien kopiert und an die Leinwand projiziert. Jede Gruppe versucht in der vorgegebenen Zeit, die Frage zu beantworten und notiert ihr Resultat.
Erweisen sich Resultate bei der anschließenden Besprechung als richtig, erhält die betreffende Gruppe jeweils 1 Spielpunkt.
Die Resultate können mit dem Lösungsblatt korrigiert werden.

Varianten

- Die Gruppen rechnen mit x = 2, bis sie 3 Punkte erreicht haben. Danach rechnen sie mit x = 3 weiter, bis sie 6 Punkte erreicht haben. Dann folgt x = 4 usw. Das Spiel ist beendet, wenn eine Gruppe bei x = 7 (x = 8) angelangt ist.
- Die Gruppe mit den meisten Punkten zählt zum gewürfelten x-Wert eins dazu, diejenige mit den wenigsten Punkten darf eins abzählen.
- Die Situationskärtchen nicht mit dem Overheadprojektor projizieren, sondern jeder Gruppe ein Set austeilen.
- Beschränken auf die einfacheren Kärtchen (Aufgabe 2 beispielsweise ist schwierig).

Gruppendrill: Situationskärtchen

1
x Schülerinnen und Schüler:
Zum Abschied geben sich alle die Hand.
Wie viele Händedrucke gibt es?

2
x Schülerinnen:
Immer 2 gehen zusammen auf den Sessellift. Ist x ungerade, bleibt ein Sesselsitz leer. Die Reihenfolge der Paare ist unwichtig.
Wie viele Paarkombinationen gibt es?

3
x Schülerinnen und Schüler:
Auf wie viele verschiedene Möglichkeiten können sie sich in eine Warteschlange stellen?

4
x Schülerinnen und Schüler:
Auf wie viele verschiedene Arten können sie sich auf x + 1 Stühle setzen?

5
x Schülerinnen und Schüler:
Alle schreiben einander eine Karte (also Petra schreibt Kurt und Kurt schreibt Petra).
Wie viele Karten gibt es?

6
x Schüler:
2 verschiedene Arten Schokoriegel. Jeder Schüler sucht sich je einen Riegel aus.
Wie viele mögliche Kombinationen gibt es?

7
x Schülerinnen und Schüler:
Alle mussten rote oder grüne Hosen anziehen.
Wie viele verschiedene Kleiderkombinationen sind möglich?

8
x Schülerinnen und Schüler:
Alle spielen gegen alle je eine Partie Tischtennis.
Wie viele Partien gibt es?

9
Von x Schülerinnen werden 3 ausgewählt, um an einer Schulkonferenz verschiedene Aufgaben wahrzunehmen.
Wie viele Auswahlmöglichkeiten gibt es?

10
x Schülerinnen und Schüler spielen je gegen alle x Mitglieder einer andern Gruppe eine Partie Tennis.
Wie viele Spiele gibt es?

11
x Schülerinnen und Schüler:
Man weiß, dass alle in einer von 4 Ortschaften wohnen.
Wie viele mögliche Wohnortsverteilungen gibt es?

12
x Schülerinnen und Schüler können jeweils am Montagnachmittag Tanz oder Sport belegen oder frei nehmen.
Wie viele mögliche Verteilungen gibt es?

13
x Schülerinnen und Schüler:
Zwei von ihnen gehen zusammen in die Ferien.
Wie viele mögliche Paare gibt es?

14
x Schülerinnen und Schüler kommen aus 2 verschiedenen Klassen.
Wie viele Verteilungen gibt es?

15
x Schülerinnen und Schüler sitzen auf x Stühlen im Kreis.
Wie viele Sitzanordnungen gibt es?

16
Von x Schülern darf höchstens einer an einer internationalen Jugendkonferenz in Paris teilnehmen.
Wie viele verschiedene Delegationen sind möglich?

Gruppendrill: Lösungsblatt

Nr.	Formel	Bemerkungen	x = 2	x = 3	x = 4	x = 5	x = 6	x = 7	x = 8
1	$\frac{x \cdot (x-1)}{2}$	A gibt allen – außer sich selbst – die Hand; B allen außer A und B; usw.	1	3	6	10	15	21	28
2	Für ungerade x muss mit (x + 1) gerechnet werden.	Bei ungeradem x zählt der leere Sitz wie eine Person. Die Aufgabe ist schwierig.	1	3	3	15	15	105	105
3	x! Lies: «x Fakultät»	A hat x Möglichkeiten für seine Position, B (x – 1), usw.	2	6	24	120	720	5040	40320
4	(x +1)!	A hat x + 1 Möglichkeiten, einen Stuhl auszuwählen, B x – 1, usw.	6	24	120	720	5040	40320	362880
5	$x \cdot (x-1)$	Jeder schreibt jedem außer sich selbst	2	6	12	20	30	42	56
6	2^x	Alle haben 2 Möglichkeiten, sich zu entscheiden	4	8	16	32	64	128	256
7	2^x	wie 6	4	8	16	32	64	128	256
8	$\frac{x \cdot (x-1)}{2}$	wie 1 und 13	1	3	6	10	15	21	28
9	$\frac{x!}{(x-3)!}$	Man berücksichtigt die Reihenfolge beim Auswählen	–	6	24	60	120	210	336
10	x^2		4	9	16	25	36	49	64
11	4^x	Jede oder jeder hat 4 Möglichkeiten	16	64	256	1024	4096	16384	65536
12	3^x	wie 11, 7 und 6	9	27	81	243	729	2187	6561
13	$\frac{x \cdot (x-1)}{2}$	wie 1 und 8	1	3	6	10	15	21	28
14	2^x	wie 6 und 7	4	8	16	32	64	128	256
15	x!	wie 3	2	6	24	120	720	5040	40320
16	x + 1	Keine Delegation zählt auch als Möglichkeit	3	4	5	6	7	8	9

Glücksspiele wetten

Material

- Lösungen (Kopiervorlage)
- Pro Schülerin und Schüler 1 Wettplan (Kopiervorlage)
- 10 Spielmarken

Lernziel

- Wahrscheinlichkeiten schätzen und spielerisch erfahren
- Einfache Berechnungen nachvollziehen
- Schätzungen und exakte Wahrscheinlichkeiten vergleichen

Spielziel

Möglichst viele Wetten gewinnen bzw. Spielmarken erobern

Spielregeln

Auf dem Wettplan sind einander je 7 Wettereignisse mit ähnlicher Wahrscheinlichkeit in den Spalten A und B gegenübergestellt.
Abwechselnd setzt jede Schülerin und jeder Schüler auf ein Wettereignis und fordert gleichzeitig eine Partnerin oder einen Partner zur Wette auf. Beide müssen ihren Einsatz (Spielmarken) festlegen.
Beispiel: Marcel setzt auf das Ereignis 3A und fordert Sarah zur Wette auf. Sie muss auf 3B setzen oder die Wette verweigern. Im letzteren Fall muss Marcel eine andere Partnerin bzw. einen andern Partner fordern.
Wer sein Ziel zuerst erreicht, gewinnt beide Einsätze. Nach jedem Klassendurchgang suchen sich die Spielerinnen und Spieler eine neue Wette und unter Umständen auch eine neue Wettpartnerin oder einen neuen Wettpartner. Wem gelingt es, die meisten Wettmarken zu erobern?
Eine exakte Berechnung der Wahrscheinlichkeiten kann im Anschluss in einem größeren Block Wahrscheinlichkeitsrechnung erarbeitet werden. Im Spiel geht es lediglich um eine Kontaktnahme und ein erstes Abschätzen der Wahrscheinlichkeiten.

Varianten

- Die Schülerinnen und Schüler erfinden eigene Wetten.
- Die Klasse erhält am Vortag die Aufgabe, je 10 Spielmarken, etwa Bonbons, 5-Rappenstücke (Pfennigstücke) oder sonstige Wettmaterialien mitzunehmen.

Glückspiele wetten: Wettplan

	Ereignis A	Ereignis B
1.	Aus einem französischen Kartenspiel dreimal hintereinander eine rote Karte ziehen. Die gezogenen Karten zurücklegen.	Aus einem Kartenspiel (36 Karten) in einem Zug ein As erwischen.
2.	Mit einem Würfel zweimal hintereinander eine gerade Zahl würfeln.	Mit einem Würfel eine «6» würfeln.
3.	Mit einer Münze in 4 Würfen zweimal Kopf und zweimal Zahl werfen.	Mit einer Münze in 4 Würfen dreimal Kopf und einmal Zahl oder dreimal Zahl und einmal Kopf werfen.
4.	Bei einem Buch ist eine der beiden aufgeschlagenen Seiten ein Vielfaches von 5.	Bei einem Buch ist die rechte aufgeschlagene Seite ein Vielfaches von 3.
5.	Du würfelst mit 2 Würfeln die Summen 2, 3, 4, 5, 10, 11 oder 12 (zweimal hintereinander).	Du würfelst mit 2 Würfeln die Summen 6, 7, 8 oder 9 (zweimal hintereinander).
6.	Du denkst dir eine Zahl von 1 bis 15 und wettest, dass B diese Zahl nicht mit 4 Fragen errät. Du antwortest mit «größer», «kleiner» oder «Treffer».	Du wettest, dass du die Zahl von A in 4 Versuchen errätst.
7.	Du würfelst zweimal hintereinander mit 2 Würfeln, multiplizierst die gewürfelten Augenzahlen und wettest, dass das Produkt jedesmal gerade ist.	Du wettest, dass A nicht zweimal hintereinander ein gerades Produkt erhält.

	Wahrscheinlichkeit für A	Wahrscheinlichkeit für B
1.	$\frac{1}{2} \cdot \frac{1}{2} \cdot \frac{1}{2} = \frac{1}{8}$	$\frac{1}{9}$
2.	$\frac{1}{2} \cdot \frac{1}{2} = \frac{1}{4}$	$\frac{1}{6}$
3.	Insgesamt $2^4 = 16$ Möglichkeiten; 6 davon sind erwünscht. $\frac{6}{16} = \frac{3}{8}$	Insgesamt $2^4 = 16$ Möglichkeiten; 8 davon sind erwünscht. $\frac{8}{16} = \frac{1}{2}$
4.	$\frac{2}{5}$	$\frac{1}{3}$
5.	$\frac{16}{36} = \frac{4}{9} \Rightarrow \left(\frac{4}{9}\right)^2 = \mathbf{\frac{16}{81}}$	$\frac{20}{36} = \frac{5}{9} \Rightarrow \left(\frac{5}{9}\right)^2 = \mathbf{\frac{25}{81}}$
6.	Mit geschickten Fragen wird die Zahl spätestens nach 4 Versuchen erraten.	Mit geschickten Fragen wird die Zahl spätestens nach 4 Versuchen erraten.
7.	Gerade Produkte gibt es, wenn Würfel A oder B oder beide gerade sind. Das ist in $\frac{3}{4}$ der Versuche so. Zweimal hintereinander demzufolge: $\frac{3}{4} \cdot \frac{3}{4} = \frac{9}{16}$	Gegenereignis von A. Tritt in $1 - \frac{9}{16} = \frac{7}{16}$ der Fälle auf.

Analogien finden

Material

- Pro Spielerin und Spieler ein Set à 8 Karten

Lernziel

- Analoge Situationen einschätzen
- Einfache Aufgaben nach Anzahl der Möglichkeiten quantifizieren

Spielziel

Spielpunkte durch richtige Zuordnungen sammeln

Spielregeln

Die Spielerinnen und Spieler erhalten je ein Set (A, B, C oder D) à 8 Karten. Jedes Set enthält 8 verschiedene Situationen, welche zu den Situationen der anderen Sets analog sind.
Der Reihe nach wird der Situationstext einer beliebigen Karte (nicht aber die Rechnung) vorgelesen. Die anderen Spielerinnen und Spieler suchen nach der analogen Karte aus ihrem Set. Wer eine Karte findet, legt sie hinaus. Richtige Zuordnungen erkennt man an der gleichen Rechnung, welche unten auf der Karte stehen. Alle Spielerinnen und Spieler, die eine richtige Zuordnung finden, erhalten einen Spielpunkt. Die Spielkarten wechseln den Besitzer bzw. die Besitzerin während des Spiels nicht. Wird nach einer gewissen Zeit keine Zuordnung gefunden, wird die Lösung der Spielrunde mitgeteilt und zu einer anderen Situation übergegangen.

Varianten

- Die Resultate auf den Karten können bei fortgeschrittenen Schülerinnen und Schülern abgeschnitten werden. Zusätzlich zu der analogen Situation muss dann die passende Rechnung gefunden werden.
- Bei 2 Spielerinnen und Spielern mit nur 4 Spielsituationen, dafür je mit 2 Sets spielen.
- Wer eine Zuordnung richtig bestimmt, erobert die Karte und darf das «Quartett» behalten.

Analogien finden: Spielkarten (1)

A	B	C	D
Von 4 Kindern gibt jedes jedem die Hand. Wie viele Händedrucke ergeben sich?	4 Kinder benutzen den Skilift, immer zwei zusammen. Wie viele mögliche Kombinationen gibt es?	Wie viele Möglichkeiten gibt es, aus einer Gruppe von 4 Kindern 2 auszuwählen?	Von 4 Mannschaften spielt jede gegen jede. Wie viele Spiele gibt es?
$(4 \cdot 3) / 2$ $n \cdot (n - 1) / 2$	$(4 \cdot 3) / 2$ $n \cdot (n - 1) / 2$	$(4 \cdot 3) / 2$ $n \cdot (n - 1) / 2$	$(4 \cdot 3) / 2$ $n \cdot (n - 1) / 2$
A	B	C	D
4 Kinder aber nur zwei Stühle: Auf wie viele verschiedene Arten können sie besetzt werden?	4 Kinder tragen ein Skirennen aus. Wie viele Möglichkeiten gibt es für die ersten 2 Plätze?	Von 4 Kindern schreibt jedes jedem eine Geburtstagskarte. Wie viele Karten werden insgesamt geschrieben?	Von 4 Mannschaften spielt jede gegen jede. Mit Vor- und Rückrunde. Wie viele Spiele sind auszutragen?
$4 \cdot 3$ $n \cdot (n - 1)$	$4 \cdot 3$ $n \cdot (n - 1)$	$4 \cdot 3$ $n \cdot (n - 1)$	$4 \cdot 3$ $n \cdot (n - 1)$
A	B	C	D
Auf wie viele verschiedene Arten können sich 4 Kinder hintereinander in eine Reihe stellen?	4 Kinder nehmen auf 4 Stühlen Platz. Wie viele mögliche Sitzordnungen gibt es?	In einem Krankenhaus befinden sich 4 Babys und 4 Mütter. Wie viele mögliche Zuordnungen gibt es?	Wie viele 4stellige Zahlen kann man mit den Ziffern 1, 2, 3, 4 bilden?
$4 \cdot 3 \cdot 2 \cdot 1$ ($n!$) lies: «n Fakultät»	$4 \cdot 3 \cdot 2 \cdot 1$ ($n!$) lies: «n Fakultät»	$4 \cdot 3 \cdot 2 \cdot 1$ ($n!$) lies: «n Fakultät»	$4 \cdot 3 \cdot 2 \cdot 1$ ($n!$) lies: «n Fakultät»
A	B	C	D
Zwei Schulen stellen je 4 Teams. Jedes Team spielt gegen alle Teams der anderen Schule. Wie viele Spiele gibt es?	Du würfelst mit einem Tetraeder (4 Flächen) zweimal. Wie viele mögliche Wurfabfolgen gibt es?	Eine Schulklasse kann für den Klassenausflug zwischen 4 Reisezielen und 4 möglichen Daten wählen. Wie viele Schulreisevarianten gibt es?	4 verschiedene Wege führen in die Schule. Wie viele Möglichkeiten gibt es, den Schulweg (hin und zurück) zurückzulegen?
$4 \cdot 4$ $n \cdot n$	$4 \cdot 4$ $n \cdot n$	$4 \cdot 4$ $n \cdot n$	$4 \cdot 4$ $n \cdot n$

Analogien finden: Spielkarten (2)

A Zwei Schulen stellen je 4 Teams. Jedes Team spielt gegen ein Team der anderen Schule. Wie viele Spiele gibt es? 4 n	B Du würfelst mit einem Tetraeder (4 Flächen) einmal. Wie viele mögliche Augenzahlen gibt es? 4 n	C In einem Schulhaus gibt es 4 Klassen. Man wählt zufällig eine Schülerin aus. Wie viele mögliche Klassenvertretungen gibt es? 4 n	D Du würfelst mit einem sechsflächigen Würfel. 5er und 6er werden nicht notiert. Wie viele Augenzahlen sind möglich? 4 n
A 4 Stühle A, B, C, D sind entweder besetzt oder frei. Wie viele Möglichkeiten gibt es? $2 \cdot 2 \cdot 2 \cdot 2$ lies: «2 hoch n»	B Du trägst Hut, Jeans, Schuhe und T-Shirt. Jedes Stück hast du in rot und blau. Wie viele mögliche Bekleidungen hast du? $2 \cdot 2 \cdot 2 \cdot 2$ lies: «2 hoch n»	C Von A nach B gibt es 4 Weggabelungen, die immer wieder zusammenführen. Wie viele Wege gibt es? $2 \cdot 2 \cdot 2 \cdot 2$ lies: «2 hoch n»	D Du wirfst eine Münze 4mal hintereinander. Wie viele mögliche Wurffolgen gibt es? $2 \cdot 2 \cdot 2 \cdot 2$ lies: «2 hoch n»
A Du wählst zwischen 4 Vorspeisen, 4 Hauptgängen und 4 Desserts. Wie viele Menüfolgen gibt es? $4 \cdot 4 \cdot 4$ $n \cdot n \cdot n$	B In einem Schulhaus gibt es 4 Klassen. Sie nehmen an 3 Wettbewerben mit verschiedenen ersten Preisen teil. Wie viele mögliche Preisverteilungen gibt es? $4 \cdot 4 \cdot 4$ $n \cdot n \cdot n$	C Du ziehst 3 Karten aus einem Kartenspiel mit 4 Farben und achtest nur auf die Farbe. Wie viele mögliche Kombinationen gibt es? $4 \cdot 4 \cdot 4$ $n \cdot n \cdot n$	D 4 Schüler tragen 3 Rennen aus. Der Sieger wird jeweils in der Schulsitzung erwähnt. Wie viele mögliche Siegerlisten gibt es? $4 \cdot 4 \cdot 4$ $n \cdot n \cdot n$
A Du stößt mit 4 Bekannten zusammen an. Wie oft werden 2 Gläser zusammengestoßen? $(5 \cdot 4) / 2$ $n \cdot (n - 1) / 2$	B 5 Karten werden gemischt. Du ziehst zwei davon. Wie viele mögliche Kombinationen gibt es? $(5 \cdot 4) / 2$ $n \cdot (n - 1) / 2$	C Du zeichnest 5 Punkte und verbindest jeden mit allen 4 anderen. Wie viele Linien gibt es? $(5 \cdot 4) / 2$ $n \cdot (n - 1) / 2$	D Du bist mit 4 Kameradinnen in der Endrunde eines Tennisturniers. Wie viele mögliche Finalpaare gibt es? $(5 \cdot 4) / 2$ $n \cdot (n - 1) / 2$

Verlag an der Ruhr

www.verlagruhr.de

Kevin Lees
Mathe für ganz Schnelle
Ergänzungs- und Zusatzaufgaben für die Orientierungsstufe
Ab Kl. 5, 51 S., A4, Papph.
ISBN 3-86072-574-2
Best.-Nr. 2574
17,– € [D]/17,50 € [A]/33,20 CHF

Hans J. Schmidt
Die Mathe-Merk-Mappe Klasse 5
Mathe zum Nachschlagen, Üben und Wiederholen
Ab Kl. 5, 104 S., A4, Pb.
ISBN 3-86072-389-8
Best.-Nr. 2389
17,– € [D]/17,50 € [A]/33,20 CHF

W. J. Howard
Nie mehr zu viel zahlen
Kopfrechentraining für den Alltag
Grundrechenarten, Brüche, Prozentrechnung
Ab Kl. 6, 129 S., 16 x 23 cm, Pb.
ISBN 3-86072-589-0
Best.-Nr. 2589
14,80 € [D]/15,20 € [A]/28,85 CHF

Reto Held
Die Mathe-Merk-Mappe Klasse 6
Mathe zum Nachschlagen, Üben und Wiederholen
Ab Kl. 6, 104 S., A4, Pb.
ISBN 3-86072-664-1
Best.-Nr. 2664
17,– € [D]/17,50 € [A]/33,20 CHF

Mathematik lernen üben behalten

Hans J. Schmidt
Prozent- und Zinsrechnung
Aufgaben zum Üben und Wiederholen
Ab Kl. 7/8, 50 S.,A4, Papph.
ISBN 3-86072-337-5
Best.-Nr. 2337
16,– € [D]/16,45 € [A]/31,20 CHF

Hans J. Schmidt
Lernzirkel: Der Satz des Pythagoras
Ab Kl. 9, 104 S., A4, Pb.
ISBN 3-86072-425-8
Best.-Nr. 2425
18,60 € [D]/19,15 € [A]/36,40 CHF

Monika Schulte-Rentrop
Lernzirkel: Bruchrechnen aktiv
Kl. 5–7, 51 S., A4, Papph.
ISBN 3-86072-262-X
Best.-Nr. 2262
15,35 € [D]/15,80 € [A]/30,– CHF

Hans Joachim Blum, Hans J. Schmidt
Mathe auffrischen
Aufgaben zum Üben und Wiederholen
Ab Kl. 8/9, 63 S., A4, Papph.
ISBN 3-86072-287-5
Best.-Nr. 2287
16,– € [D]/16,45 € [A]/31,20 CHF

Hans J. Schmidt
Lern- und Übungskartei Dreisatz
Ab Kl. 7, 64 S., A4, Papph.
ISBN 3-86072-424-X
Best.-Nr. 2424
17,90 € [D]/18,40 € [A]/35,– CHF

Birgit Brandenburg
Mit Geodreieck, Lineal und Zirkel
Übungen für den Geometrieunterricht
Kl. 5–6, 70 S., A4, Papph.
ISBN 3-86072-655-2
Best.-Nr. 2655
18,60 € [D]/19,15 € [A]/36,40 CHF

Verlag an der Ruhr
Postfach 102251 • D–45422 Mülheim an der Ruhr
Tel.: 0208/495040 • Fax: 0208/4950495
E-Mail: info@verlagruhr.de

Bücher für die pädagogische Praxis